图解微积分

掌握微积分的精华，预测未来变化的工具

〔日〕牛顿出版社　编

《科学世界》杂志社　译

科学出版社

北京

图字：第 01-2021-6740 号

内 容 简 介

许多人在中学数学课堂上学习过"微积分"。

微积分是用来计算"变化"的数学，在计算如位置的变化、速度的变化、股价的变化等多种变化时，微积分发挥着重要作用，甚至可以说微积分几乎是不可或缺的。

本书在第 1 章中，对微积分的精髓进行了精要讲解。在接下来的第 2 章中，追溯微积分诞生的时代背景及数学家的思考，探究复杂的微积分符号和计算方法。另外，还会介绍牛顿和莱布尼茨之间关于微积分发明权归属之争、牛顿的巨著《自然哲学的数学原理》，以及微积分之谜等有趣的话题。最后，第 3 章收录了微积分的计算问题和微分方程式等应用实例，可以从中切实感受到微积分的作用。

NEWTON BESSATSU BIBUN TO SEKIBUN KAITEI DAI 2 HAN
©Newton Press 2020
Chinese translation rights in simplified characters arranged with Newton Press
Through Japan UNI Agency,Inc., Tokyo
www.newtonpress.co.jp

图书在版编目（CIP）数据

图解微积分/日本牛顿出版社编;《科学世界》杂志社译. —北京：科学出版社，2023.10
ISBN 978-7-03-075718-0

Ⅰ.①图… Ⅱ.①日… ②科… Ⅲ.①微积分—图解 Ⅳ.①O172-64

中国国家版本馆CIP数据核字（2023）第103397号

责任编辑：王亚萍 / 责任校对：刘 芳
责任印制：李 晴 / 封面设计：楠竹文化

科 学 出 版 社 出版
北京东黄城根北街 16 号
邮政编码：100717
http://www.sciencep.com

北京盛通印刷股份有限公司 印刷
科学出版社发行 各地新华书店经销
*
2023 年 10 月第 一 版 开本：889×1194 1/16
2024 年 5 月第三次印刷 印张：11

字数：280 000

定价：88.00 元

（如有印装质量问题，我社负责调换）

微积分

掌握微积分的精华，
预测未来变化的工具

掌握微积分的精华，
预测未来变化的工具
微积分

1 从零开始了解微积分

6　微积分其实很好理解

8　微积分有何用处？

10　微分和瞬时速度①～③

16　Column 1　随条件而变化的变量 x，以及定量 a

18　Column 2　每个输入值对应唯一输出值的对应关系——函数

20　微分和切线的斜率①～②

24　用微积分把握变化

26　Column 3　确认微分的重要公式

28　积分和图表面积①～②

32　微分和积分的统一

34　符号的含义

36　Column 4　积分后出现的积分常数 C 是什么？

38　掌握微积分学的基本定理

40　微分、积分的历史

42　微分方程式

2 想了解更多！微积分的发展史

46 序言　艾萨克·牛顿的一生

PART 1　微积分诞生的前夜

56　炮弹的轨迹

58　Column 5　质疑固有观点，相信观测事实"近代科学之父"伽利略

60　坐标的发明①～②

64　Column 6　梦中灵感忽现的笛卡儿微积分的先驱费马

66　计算"变化"的方法

68　切线是什么？

70　切线问题

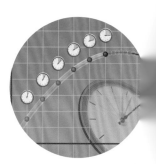

PART 2 牛顿的微分法

74　引切线的方法

76　曲线上的动点

78　瞬时行进方向

80　微分法的诞生

82　微分产生新函数

PART 3 微分和积分的统一

86　阿基米德求积法

88　开普勒求积法

90　卡瓦列里原理

92　Column 7　推动积分发展的伽利略的学生们

94　Column 8　尝试使用"卡瓦列里原理"

96　Column 9　托里拆利小号

98　微分和积分的统一

100　微积分的威力

102　Column 10　牛顿最坚定的理解者、支持者
　　　　　　　　——哈雷

PART 4 发明权归属之争和微积分之后的发展

106　Topics　微积分发明权归属之争

112　Column 11　在不同领域大放光彩的莱布
　　　　　　　　尼茨

114　Column 12《原理》之谜——牛顿使用微
　　　　　　　　积分了吗?

116　Topics 17 世纪之后微积分的发展

3 想了解更多!
微积分的应用

PART 1 基础篇

126　微积分公式集

132　用微积分解决问题 ① ~ ②

136　Topics　微积分和力学

PART 2 发展篇

146　Topics　水谷仁的微积分讲义

154　Topics　微分方程式

158　Column 13　微积分的作用 制造新的乐器和演奏方法

160　Column 14　微积分的作用 微积分能让飞机飞起来

162　Column 15　微积分的作用 抗震建筑的设计

164　Column 16　微积分的作用 从概率论到金融工学

167　Column 17　"最美"的偏微分方程——玻尔兹曼方程

168　Topics　微分的应用

1 从零开始了解微积分

微分与积分是极为重要的数学工具，对科学与工程学的重要作用自不必说，在包括经济、金融在内的许多领域中皆是如此。微积分究竟为何会备受重视？它们究竟有什么用？读了本章，即便是原先对微积分一无所知的人也能够较好地理解，相信您能领悟到微积分的精髓。

6　微积分其实很好理解

8　微积分有何用处？

10　微分和瞬时速度①~③

16　Column 1
随条件而变化的变量 x，以及定量 a

18　Column 2
每个输入值对应唯一输出值的对应关系——函数

20　微分和切线的斜率①~②

24　用微积分把握变化

26　Column 3
确认微分的重要公式

28　积分和图表面积①~②

32　微分和积分的统一

34　符号的含义

36　Column 4
积分后出现的积分常数 C 是什么？

38　掌握微积分学的基本定理

40　微分、积分的历史

42　微分方程式

日常生活中就隐藏着
微积分的思考方式

"感觉微积分好难啊"，其实我们完全没有必要这样畏惧。因为，即便是完全没学过微积分的人，在日常生活中也在不知不觉间运用着微积分的思考方式。

想象一下，你正在骑车去电影院的路上，看了一眼速度计，发现此时的速度是 16 千米 / 小时，距离电影院还剩 6 千米，而电影将在 30 分钟后开始放映。请问，如果

用和现在一样的速度骑行，能赶上电影开始放映吗？

以时速 16 千米的速度骑行 1 小时的话，会前进 16 千米，所以骑行 30 分钟（0.5 小时）就是 8

骑车去电影院时……

想象一下骑车去电影院。以当前的速度骑行，能在电影放映前及时到达吗？在解决这样的日常问题时，就隐藏着微积分的思考方式。大体来说，"距离÷时间"求速度就类似微分的思考方式，而"速度×时间"求距离就类似积分的思考方式。

千米。因此，如果按照同样的速度骑行，能够在 30 分钟内到达 6 千米外的电影院，及时观看电影。

通过微分求速度，通过积分求距离

这个问题中其实就隐含着微积分的原理。自行车前进，其位置就会随时间而变化。如果骑得更快，位置随时间的变化就会更大；如果骑得慢，位置变化就比较小。也就是说，速度其实就是位置的变化程度。而求解某个瞬间的变化程度的数学方法，就是微分。

那积分又是什么呢？在骑自行车的例子中，把表示位置变化程度的时速 16 千米与 30 分钟（0.5 小时）相乘的话，就能够求出 8 千米这一移动距离。像这样把某些量相乘求总体（在本例中是指移动距离）的做法，就体现了积分的思考方式。

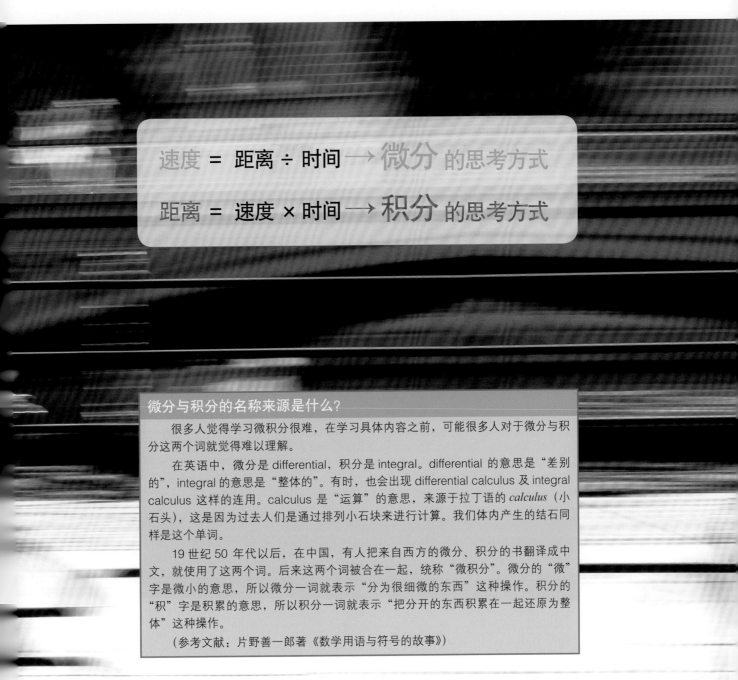

速度 ＝ 距离 ÷ 时间 ⟶ *微分* 的思考方式

距离 ＝ 速度 × 时间 ⟶ *积分* 的思考方式

微分与积分的名称来源是什么？

很多人觉得学习微积分很难，在学习具体内容之前，可能很多人对于微分与积分这两个词就觉得难以理解。

在英语中，微分是 differential，积分是 integral。differential 的意思是"差别的"，integral 的意思是"整体的"。有时，也会出现 differential calculus 及 integral calculus 这样的连用。calculus 是"运算"的意思，来源于拉丁语的 *calculus*（小石头），这是因为过去人们是通过排列小石块来进行计算。我们体内产生的结石同样是这个单词。

19 世纪 50 年代以后，在中国，有人把来自西方的微分、积分的书翻译成中文，就使用了这两个词。后来这两个词被合在一起，统称"微积分"。微分的"微"字是微小的意思，所以微分一词就表示"分为很细微的东西"这种操作。积分的"积"字是积累的意思，所以积分一词就表示"把分开的东西积累在一起还原为整体"这种操作。

（参考文献：片野善一郎著《数学用语与符号的故事》）

把握变化、预测未来的工具

关于自行车骑行距离的计算中，有"以与现在相同的速度骑行"这一条件，但在现实中，是不可能一直以相同的速度骑行的。比如，因为上下坡或是身体疲劳，实际速度会时时刻刻发生变化。

因重力作用而下落的物体，其速度也不是一定的，而是会随时间变化逐渐加速。放眼整个世界，除了物体的速度，股价、气温等时刻在变化的数值比比皆是。

能够准确把握这些变化，并能以其为基础预测未来的人，一定能够做出出色的判断，而所必需的"工具"，就是微积分。

从"隼鸟2号"的活动到古生物的年代测定

2018年6月，"隼鸟2号"探测器到达小行星"龙宫"，正式开始采集样本。为了让发射于2014年的"隼鸟2号"顺利到达目的地，需要对其行进方向与速度进行精密的控制。这些计算中就需要用到微积分。

判断挖掘出来的古生物化石的年代所用到的年代测定法，也需要用到微积分；在处理瞬息万变的金融市场的金融工程领域，微积分同样不可或缺；甚至台风行进路线的预测也会用到它。在这个充满变化的世界中，说微积分与世间万物都相关也不为过。

广泛应用于各领域的微积分

文中列举了微积分发挥着重要作用的不同领域。在这些领域中，解决各类问题的一大通用手段就是求解包含微积分的微分方程。关于微分方程，将会在第42页进行详细介绍。

高速公路的设计

化石的年代测定

行星科学

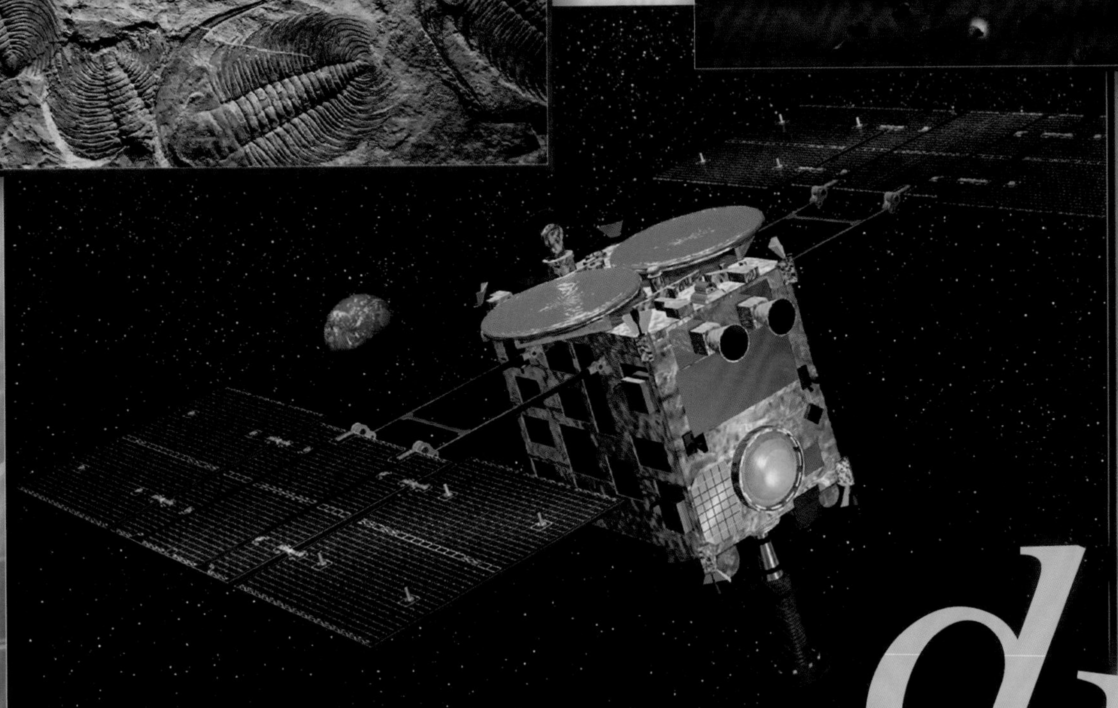

宇宙探测（"隼鸟2号"）

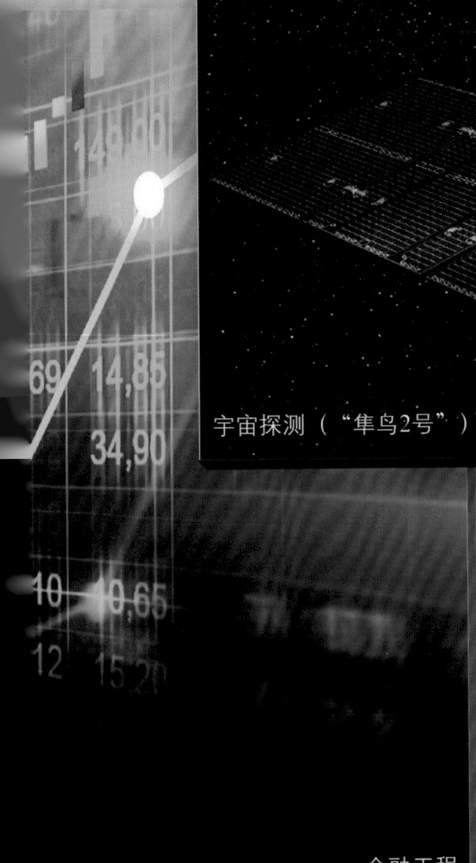

金融工程

$$\frac{dy}{dx}$$

求解"瞬时速度"其实是一大难题

微分并非很难懂，正如前文所说，只要知道小学算术级别的"速度＝距离÷时间"，就能够理解微分。

从一个高塔上让一个苹果自由下落。设从松手时算起经过的时间为 x 秒，苹果在这段时间内下落了 $5x^2$ 米 ※（准确地说是 $4.9x^2$ 米，但在这里为求简便设为 $5x^2$ 米）。这就是意大利科学家伽利略·伽利雷（1564～1642）发现的自由落体定律。在松手后的 1 秒内，苹果下落了 5 米。那么，在松手 1 秒后的瞬间，苹果的下落速度是多少呢？

平均速度与瞬时速度的区别

如果在"速度＝距离÷时间"这个公式中令距离＝5 米，时间＝1 秒的话，我们能算出速度为 5 米/秒。然而，这个 5 米/秒只是过去 1 秒内的平均速度。实际的下落速度是会随着时间而不断增加的。也就是说，1 秒后的瞬时速度是比过去 1 秒间的平均速度（5 米/秒）更快的。

※ $5x^2 = 5 \times x \times x$

苹果下落 1 秒后的速度是多少？

在高塔上，有一个人松手使一个苹果自由下落。松手后的 1 秒内，苹果总共下落了 5 米；松手后的 2 秒内，苹果总共下落了 20 米。那么，松手 1 秒后的瞬间，苹果的下落速度该如何求解？

2秒后

20米

开始下落

1秒后

5米

用函数表示苹果的下落距离

假设在 x 秒内苹果的下落距离是 y 米，x 与 y 的关系可以用 $y=5x^2$ 来表示。若 x 是 1 的话，y 就是 5；x 是 2 的话，y 就是 20。这样的对应关系在数学中被称为函数。可以把函数想象为是一个箱子，向其中输入一些东西，就会在箱子中进行某种计算，然后把结果"吐"出来。

x

x秒内

输入

$y = 5x^2$

函数（箱子）

输出

下落了$5x^2$ 米 $5x^2$

给 x 赋予具体的数值

1秒内

1

$y = 5x^2$

下落5米 **5**

2 2秒内

$y = 5x^2$

下落20米 **20**

想求解瞬时速度时，却出现"0÷0"的情况？

如何求解松手1秒后的瞬时速度而非平均速度呢？我们从松手1秒后的"短时间"的角度来思考这一问题，并测量该时间段内物体下落的"短距离"。

通过计算"短距离÷短时间"，便可计算出平均速度。如果把"短时间"缩短为1秒、0.5秒、0.1秒

等无穷小的情况，速度就会越来越接近我们想知道的1秒后的瞬时速度（如下图）。

如果让"短时间"尽可能接近

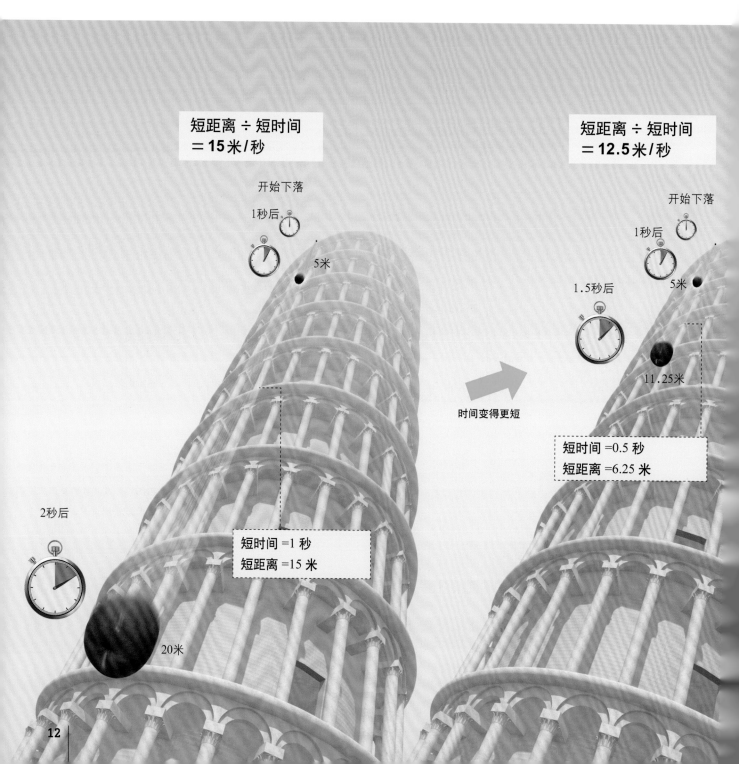

短距离÷短时间
＝15米/秒

短距离÷短时间
＝12.5米/秒

开始下落

1秒后

5米

开始下落

1秒后

5米

1.5秒后

11.25米

2秒后

时间变得更短

短时间 ＝0.5 秒
短距离 ＝6.25 米

短时间 ＝1 秒
短距离 ＝15 米

20米

0，应该就能得到 1 秒后的瞬时速度。

但是，随着时间接近 0，该时间内下落的距离也接近 0。那么，"短距离 ÷ 短时间"很可能会出现"0÷0"的无解情况。

"0÷0"无法计算。怎样才可以计算出瞬时速度呢？

松手 1 秒后的瞬时速度正确求解方式

尝试求解 1 秒后短时间的平均速度，时间段无限接近 0，应该可计算瞬时速度。

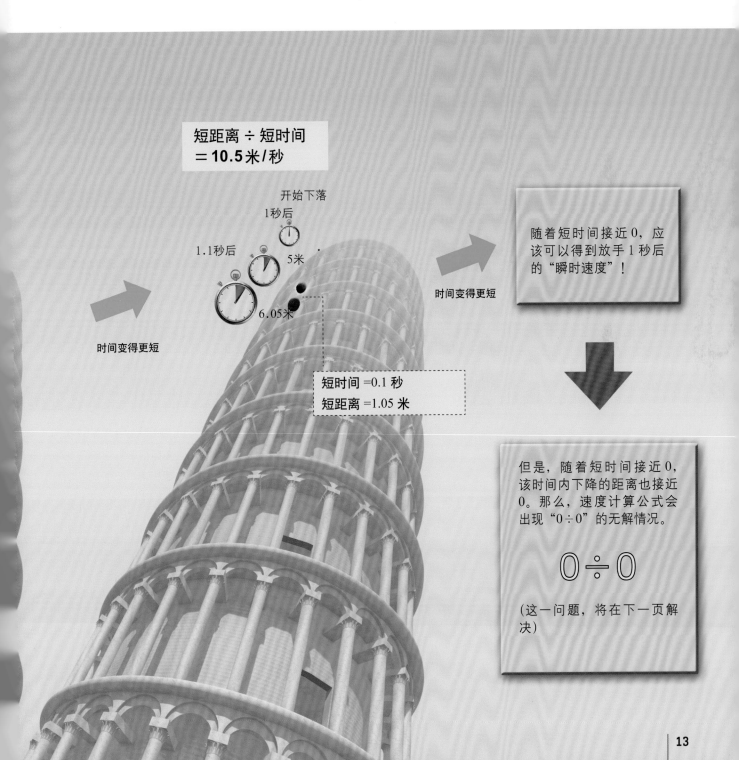

短距离 ÷ 短时间
＝10.5米/秒

开始下落

1秒后

1.1秒后

5米

6.05米

时间变得更短

时间变得更短

短时间 =0.1 秒

短距离 =1.05 米

随着短时间接近 0，应该可以得到放手 1 秒后的"瞬时速度"！

但是，随着短时间接近 0，该时间内下降的距离也接近 0。那么，速度计算公式会出现"0÷0"的无解情况。

0 ÷ 0

（这一问题，将在下一页解决）

瞬时速度可以这样求解——微分

为了知道"松手 1 秒后的瞬时速度",需要研究 1 秒后算起的短时间内下落的短距离。通过计算"短距离 ÷ 短时间",并不断缩短时间的话,就可以求解。我们把这段短时间记作"Δx"。那么,在 Δx 内下落的短距离具体是多少呢?

松手后的 x 秒内,苹果会下落 $5x^2$ 米。松手 1 秒后算起再经过 Δx,合计就是经过了 $1+\Delta x$ 秒。通过把 $1+\Delta x$ 代入 $5x^2$ 中的 x,

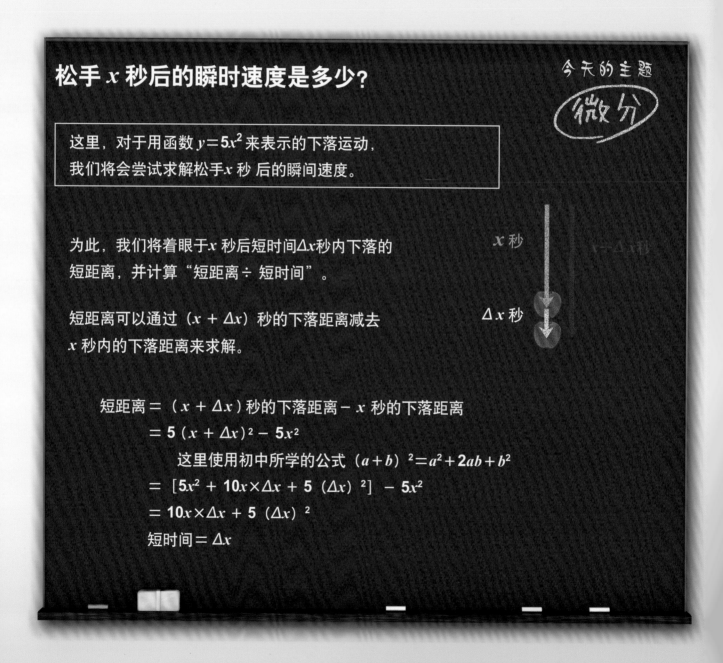

松手 x 秒后的瞬时速度是多少?

今天的主题
微分

这里,对于用函数 $y=5x^2$ 来表示的下落运动,
我们将会尝试求解松手 x 秒 后的瞬间速度。

为此,我们将着眼于 x 秒后短时间 Δx 秒内下落的
短距离,并计算"短距离 ÷ 短时间"。

短距离可以通过 $(x + \Delta x)$ 秒的下落距离减去
x 秒内的下落距离来求解。

x 秒

Δx 秒

短距离 $= (x + \Delta x)$ 秒的下落距离 $- x$ 秒的下落距离
$= 5(x + \Delta x)^2 - 5x^2$

这里使用初中所学的公式 $(a+b)^2 = a^2 + 2ab + b^2$

$= [5x^2 + 10x \times \Delta x + 5(\Delta x)^2] - 5x^2$

$= 10x \times \Delta x + 5(\Delta x)^2$

短时间 $= \Delta x$

$5 \times (1+\Delta x)^2$
$= 5(\Delta x)^2 + 10\Delta x + 5$

就可以计算出这段时间内的下落距离。用这个距离减去 1 秒内下落的 5 米，就能求出 Δx 内下落的短距离。也就是说

$[5(\Delta x)^2 + 10\Delta x + 5] - 5$
$= 5(\Delta x)^2 + 10\Delta x$

就是我们想要知道的下落的短距离。

然后，用这段短距离 $5(\Delta x)^2 + 10\Delta x$ 除以短时间 Δx，就能够知道这段时间的平均速度是

$[5(\Delta x)^2 + 10\Delta x] \div \Delta x = 5\Delta x + 10$

最后让 Δx 无限趋近于 0（这里记作 $\Delta x \to 0$），

$5\Delta x + 10 \to 0 + 10 = 10$

也就是说，1 秒后的瞬时速度

是 10 米 / 秒。像这样求解瞬时的速度就是微分！

通过这样的计算，不会出现"$0 \div 0$"的情况。而且除去 x 和 Δx 这样的符号及平方的计算外，您是不是切实感受到了微分并不难？

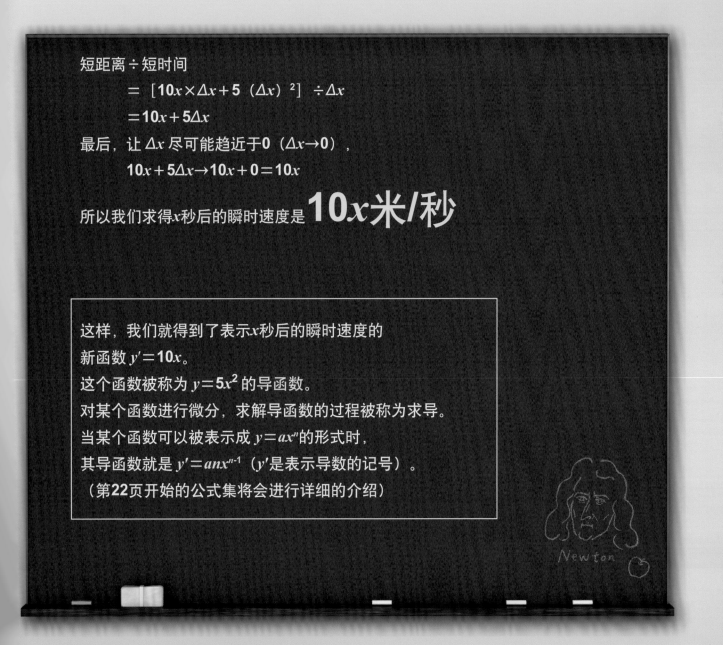

短距离÷短时间
$= [10x \times \Delta x + 5(\Delta x)^2] \div \Delta x$
$= 10x + 5\Delta x$

最后，让 Δx 尽可能趋近于0（$\Delta x \to 0$），

$10x + 5\Delta x \to 10x + 0 = 10x$

所以我们求得 x 秒后的瞬时速度是 **$10x$ 米/秒**

这样，我们就得到了表示 x 秒后的瞬时速度的
新函数 $y' = 10x$。
这个函数被称为 $y = 5x^2$ 的导函数。
对某个函数进行微分，求解导函数的过程被称为求导。
当某个函数可以被表示成 $y = ax^n$ 的形式时，
其导函数就是 $y' = anx^{n-1}$（y' 是表示导数的记号）。
（第22页开始的公式集将会进行详细的介绍）

Newton

随条件而变化的变量 x，以及定量 a

这一页和下一页将详细地介绍"函数"，以及函数中出现的"变量"和"常量"。

在"$y=ax+5b$"这类表达式中，字母"x""y"，以及"a""b"分别代表一个数字。

"x""y"等位于字母表最后几位的字母多用于表示"变量"。变量没有固定的数值，它会随时

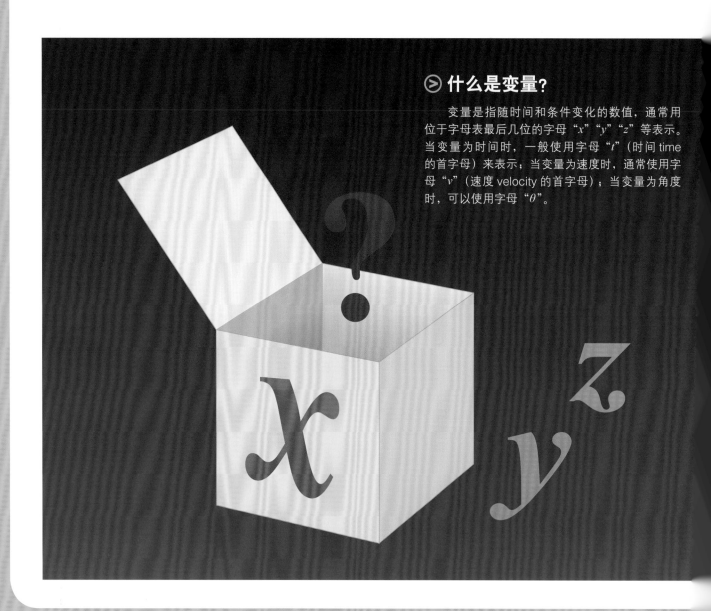

⊳ 什么是变量?

变量是指随时间和条件变化的数值，通常用位于字母表最后几位的字母"x""y""z"等表示。当变量为时间时，一般使用字母"t"（时间 time 的首字母）来表示；当变量为速度时，通常使用字母"v"（速度 velocity 的首字母）；当变量为角度时，可以使用字母"θ"。

间和条件的变化而变化。

举个例子，假设超市里一盒十枚装鸡蛋的价格是"x"。鸡蛋的价格每天都在变化，有时卖 10 元，有时特价卖 8 元，因此 x 是一个变量。假设一枚鸡蛋的价格是"y"，一盒装有 10 枚，那么可以表示为"$y = \dfrac{x}{10}$"，"y"的值会随着变量的变化而变化，所以它也是一个变量。

"a""b"等位于字母表开头几位的字母，主要用来表示某个固定的数值，即"常量"。

例如，假设某家超市的购物袋为"a"元，购买 3 盒单价为"x"元的鸡蛋时，合计金额"y"可以表示为"$y=3x+a$"。鸡蛋的价格（x）是每天都会变化的变量，而购物袋的价格（a）是固定不变的常量（如 0.3 元）。

另外，圆周率"π"也是常量，它的值永远都是"3.14159265…"。

用 x、y 表示变量，a、b 表示常量的表示方法最初是笛卡儿提出的，之后，传播到世界各地，并成为一种通用的规则。不过，即使不遵循这种表示方法，在数学逻辑上也依然成立。　🍎

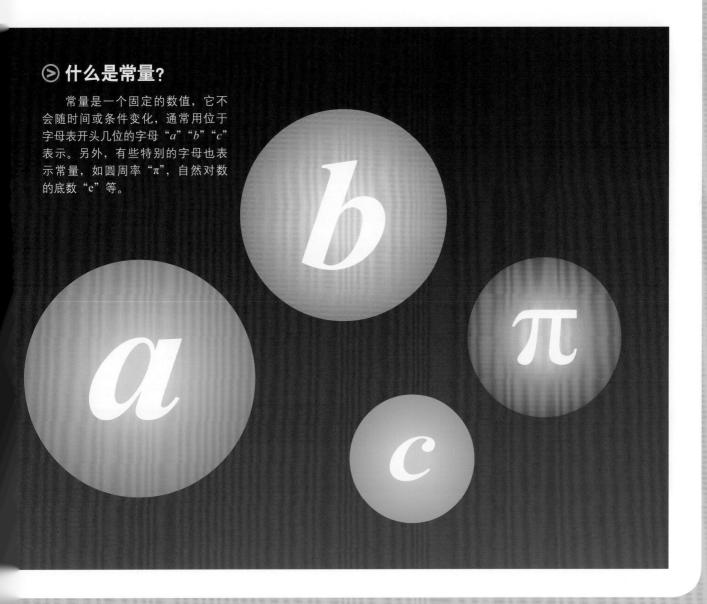

> ## 什么是常量？

常量是一个固定的数值，它不会随时间或条件变化，通常用位于字母表开头几位的字母"a""b""c"表示。另外，有些特别的字母也表示常量，如圆周率"π"，自然对数的底数"e"等。

每个输入值
对应唯一输出值的
对应关系——函数

在 上页内容中介绍到，假设一盒鸡蛋的价格是"x"，一个购物袋的价格是"a"，那么买3盒鸡蛋的总金额"y"可以表示为"$y=3x+a$"。

假设超市 A 的购物袋是 0.3 元，那么，在超市 A 购买 3 盒鸡蛋的总金额 y 表示为 $y = 3x+0.3$。

某天，一盒鸡蛋的价格是 10 元（$x=10$），那么总金额为 $y=3×10+0.3=30.3$（元）。总金额 y 由鸡蛋的价格 x 决定。

综上所述，在两个变量中，当一个变量取一定的值时，另一个变量有唯一确定值与之相对应，这种对应关系即为"函数"。在刚才的例子"$y = 3x+0.3$"中，变量 x 的值确定后，另一个变量 y 的值也随之确定，因此"y 是 x 的函数"。

函数就像一个神奇的容器，只要放入一个数字，就会在内部进行某些计算，并返回计算结果（如下图）。

函数一词诞生于 17 世纪

函数的英文是"function"，原本是功能、作用的意思。后来与牛顿并称为微积分创始人的戈特弗里德·威廉·莱布尼茨（1646～1716），引入了拉丁文 *functio* 一词，function 才具有了函数的意义。

y 是 x 的函数可以表示为"$y=f(x)$"。$f(x)$ 的 f 是 function 的首字母。此时 $f(x)$ 表示 x 的所有函数，因此其具体内容可以是"x""x^5+4x^2-90""x^{100}"，或者其他任何式子。当 $x=1$ 时，y 的值表示为"$y=f(1)$"。

容易与函数混淆的一个词是"方程式（equation）"。函数和方程式中都有"x"和"y"，左右都用"$=$"连接，但函数与方程式

函数像一个神奇的容器

$$x \rightarrow \quad 函数 \quad y=f(x) \quad \rightarrow y$$

并不相同。

如上所述，函数是两个变量（x 和 y）之间的对应关系。上文提到的在超市购买鸡蛋的例子中，"$y = 3x + 0.3$" 就是一个函数。

而方程式是为了求某个条件下的未知数（如 x）所列出的表达式。以在超市购买鸡蛋为例，买 3 盒鸡蛋，再加一个购物袋的总金额（y）等于 30.3 元时，求鸡蛋价格（x）的式子为 "$30.3 = 3x + 0.3$"，这个式子是方程式。计算得出 x 的过程称为 "解方程

式"，最终得出 $x = 10$。

图像可以清晰地呈现函数的对应关系

用表达式表示的函数较为抽象，很难直观地看出两个变量之间的对应关系。例如，在函数 "$y = 3^x - 2x^2$" 中，只观察公式很难想象随着 x 的增加，y 会发生怎样的变化。

坐标能够清楚地展示抽象的函数关系，在由 x 轴、y 轴组成的

平面直角坐标系中画出函数图像，x 和 y 的对应关系便一目了然。

借助坐标系，用图像（图形）表示函数（数学表达式或用数学表达式表示图像），并通过数学表达式解决图像问题（或反之）的方法是 "解析几何"，这种方法由笛卡儿和费马创立。

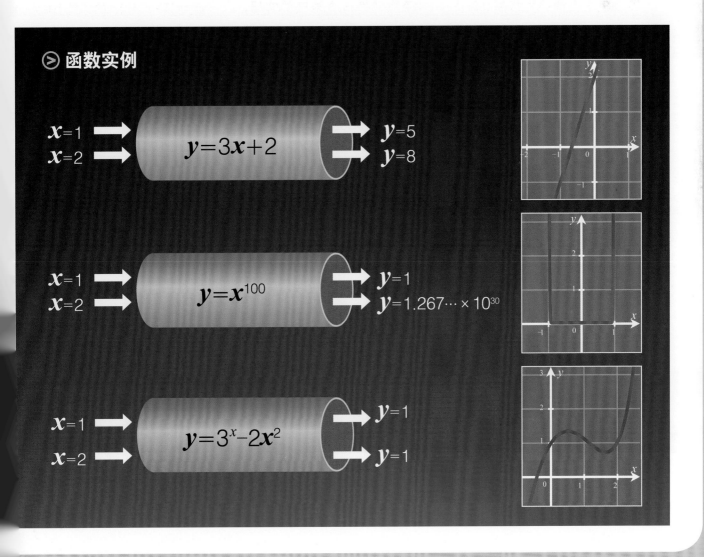

▶ 函数实例

$x = 1$ ➡
$x = 2$ ➡
$y = 3x + 2$
➡ $y = 5$
➡ $y = 8$

$x = 1$ ➡
$x = 2$ ➡
$y = x^{100}$
➡ $y = 1$
➡ $y = 1.267\cdots \times 10^{30}$

$x = 1$ ➡
$x = 2$ ➡
$y = 3^x - 2x^2$
➡ $y = 1$
➡ $y = 1$

瞬时速度表示的是切线的斜率

学 习微分时，老师会教我们微分就是求切线的斜率。切线究竟是什么？微分与切线是怎样的关系呢？

对于下落的苹果，如果我们以时间为横轴（x 轴）、下落距离为纵轴（y 轴），那么，时间与下落距离的函数 $y = 5x^2$ 就可以用下图①的曲线来表示。这种形状的曲线被称为抛物线。

在图②中，为了更加清晰地展示切线与抛物线的关系，我们把横轴扩大 10 倍，可以利用图②来求松手 1 秒后苹果的速度，也就是在点（1，5）的瞬时速度。

短时间（Δx）为 1 秒时，从 1 秒算起 Δx 秒后苹果位于点（2，20）（图②中的蓝点）。在（1，5）与（2，20）之间连一条倾斜的直线，也就是图中的黄色直线。这条直线有何意义呢？

如果"短时间"趋近于 0 的话……

以苹果的下落时间（秒）为 x 轴，下落距离为 y 轴进行绘图。如果把从 $x=1$ 秒开始的短时间 Δx 设为 1 秒或 0.5 秒的话，这段时间的平均速度就分别是图②和图③的三角形的斜边的斜率。如果让 Δx 尽可能地趋近于 0（图④），$x=1$ 秒时的瞬时速度就可以通过计算 $x=1$ 秒处的斜率算出。

图①

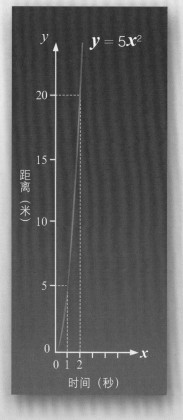

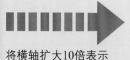

将横轴扩大10倍表示

图②

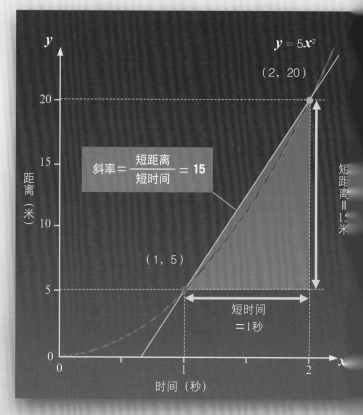

斜率 $= \dfrac{短距离}{短时间} = 15$

切线的斜率与坡道的倾斜有着相似的含义

你有没有见过在坡道上所写的"10%"的标识呢？这是用来表示坡道倾斜程度的标志，意思是水平方向前进100米的话，垂直方向会上升10米（水平方向的10%）。就像这样，坡道的倾斜是用"垂直方向的差÷水平方向的差"来表示的。

图②中的黄色直线也可以视为一个坡道，只不过这个坡道的倾斜程度是用"短距离÷短时间"求得的。这与前页的速度计算方法相同。

求切线斜率就是微分

把 Δx 从0.5秒（图③）→0.1秒→0.01秒这样不断缩小的话，两点连线的斜率就会逐渐接近瞬时速度。Δx 尽可能地趋近于0的话，两点就会重合为一个点，也就能得到这一点上与抛物线相切的直线（图④中的黄色直线）。这就是切线，求它的斜率（瞬时速度）就是微分。

直线斜率的表示方法
直线的斜率在坐标系右上方时为正，在右下方时为负，水平于x轴为0。

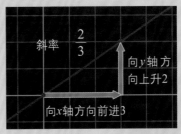

斜率 $\dfrac{2}{3}$　向y轴方向上升2　向x轴方向前进3

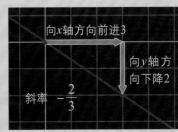

向x轴方向前进3　向y轴方向下降2　斜率 $-\dfrac{2}{3}$

图③

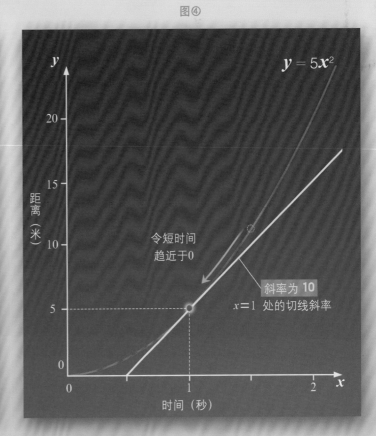

$y = 5x^2$

将时间缩短为0.5秒

(1.5，11.25)

斜率＝$\dfrac{短距离}{短时间}$＝**12.5**

(1，5)

短距离＝6.25米

短时间＝0.5秒

距离（米）

时间（秒）

图④

$y = 5x^2$

令短时间趋近于0

斜率为 **10**

$x=1$ 处的切线斜率

距离（米）

时间（秒）

极限思维是现代微积分的"重点"

至 此，文中已多次出现"使Δx无限接近0"，这一操作在数学中称为"取极限"。

接下来出现的公式 $f(x)$，是用于表示 x 的函数符号，下列公式表示联结函数上相离两点的切线斜率（具体信息请参考本页的图例）。

$$\frac{f(a+\Delta x)-f(a)}{\Delta x}$$

当函数 $f(x)$ 的 $x=a$ 时，只有通过本公式取极限方可得切线的斜

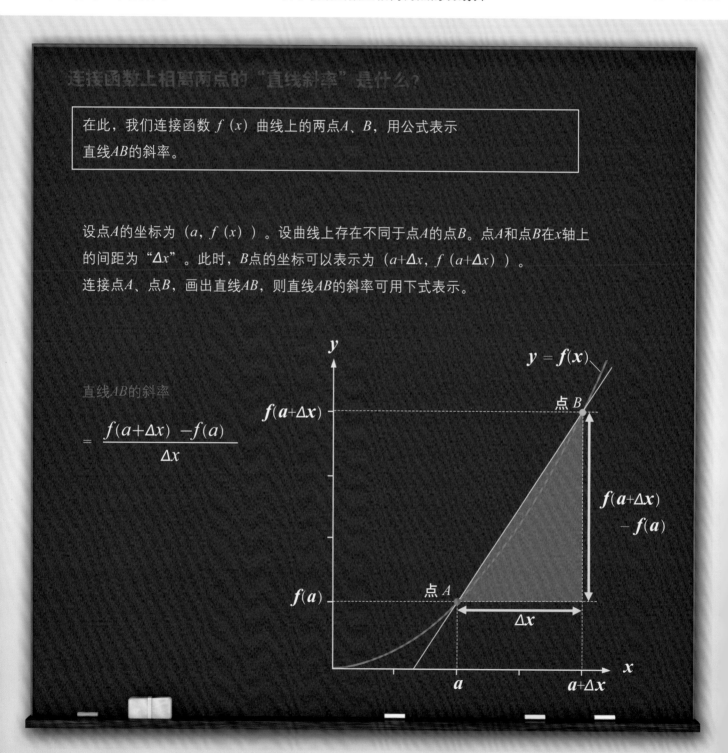

连接函数上相离两点的"直线斜率"是什么？

在此，我们连接函数 $f(x)$ 曲线上的两点A、B，用公式表示直线AB的斜率。

设点A的坐标为 $(a,f(x))$。设曲线上存在不同于点A的点B。点A和点B在x轴上的间距为"Δx"。此时，B点的坐标可以表示为 $(a+\Delta x,f(a+\Delta x))$。连接点A、点B，画出直线AB，则直线AB的斜率可用下式表示。

直线AB的斜率

$$=\frac{f(a+\Delta x)-f(a)}{\Delta x}$$

率（方程如下）。

$$\lim_{\Delta x \to 0} \frac{f(a+\Delta x)-f(a)}{\Delta x}$$

该函数表示切线斜率（又称为微分系数）。"lim"指极限符号，lim下方用来标记某个符号无限接近于某个数。

把常数a代入上式中的变量x，原式即为$f(x)$的导数（导数符号将在第34页详细介绍）。求导数的过程又称为"导数微分"。

$y=f(x)$ 的导数 y' 的定义

$$y' = \lim_{\Delta x \to 0} \frac{f(x+\Delta x)-f(x)}{\Delta x}$$

求导的过程又称为"微分"。

函数上任意一点的"切线斜率"是什么？

我们用公式计算函数$y=f(x)$中，x取a时，A点切线的斜率。

左页所示的直线AB，并非点A的切线。但曲线上点B无限接近点A时，直线AB便无限接近点A的切线（如下图）。

"B无限接近A"就意味着"Δx无限接近0"。即当Δx无限接近0时，"直线AB的斜率"无限接近"点A的切线斜率"，如图所示。

A点上的切线斜率（微分系数）

$$= \lim_{\Delta x \to 0} \frac{f(a+\Delta x)-f(a)}{\Delta x}$$

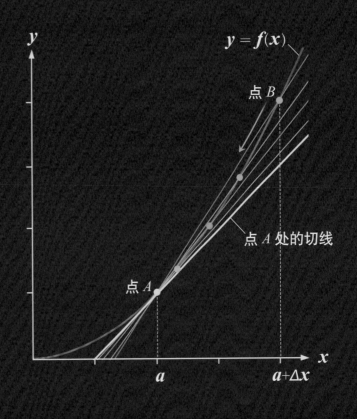

$y=f(x)$

点 B

点 A 处的切线

点 A

a　　$a+\Delta x$

用切线的斜率
解读球的运动

我们已经了解了如果把事物的变化用曲线来表示，那么得到其切线斜率的过程就是微分。但研究切线的斜率又有什么用呢？

假设现在有一位棒球选手竖直向上投球。球离手 x 秒后的高度（米）可以用函数 $y=-5x^2+20x$ 来表示。那么这个球最高会上升到多少米呢？这个最高点又是在多少秒后到达的呢？

右页图①绘制了函数 $y=-5x^2+20x$ 的图像（为方便分析，我们把横轴扩大 10 倍）。用 15 页的公式（对 $y=ax^n$ 微分的结果是 $y'=anx^{n-1}$）对其进行微分的话，可以得到导函数 $y'=-10x+20$（图②）。图②表示的是图①中各点（每个瞬间）的切线斜率（球的瞬时速度）。

球在上升时，切线的斜率是正数。这意味着球有一个向上（正向）的速度。在最高点，切线是水平的（斜率为零），这意味着速度为零。而在下降时，切线的斜率会变成负数。这意味着球有一个向下的（负向）速度。

从图②中来看，我们知道对于切线斜率变成零，也就是球到达最高点所需的 x 秒就是 2 秒。把 $x=2$ 代入原函数 $y=-5x^2+20x$ 中，我们能算出最高点为 20 米（大约 7 层楼高）。

像这样，运用微分研究切线的斜率，我们就能知道事物变化的方式，是增加还是减少，是最大值（极大值）还是最小值（极小值），都可以进行解读。

如何知道球在最高点的高度？

向正上方投球，x 秒后球的高度（米），可以用函数 $y=20x-5x^2$ 来表示（图①）。利用微分后得到的导函数（图②），我们就能知道球的初速度（20 米/秒）和最高点（高 20 米）等与球的运动相关的信息。

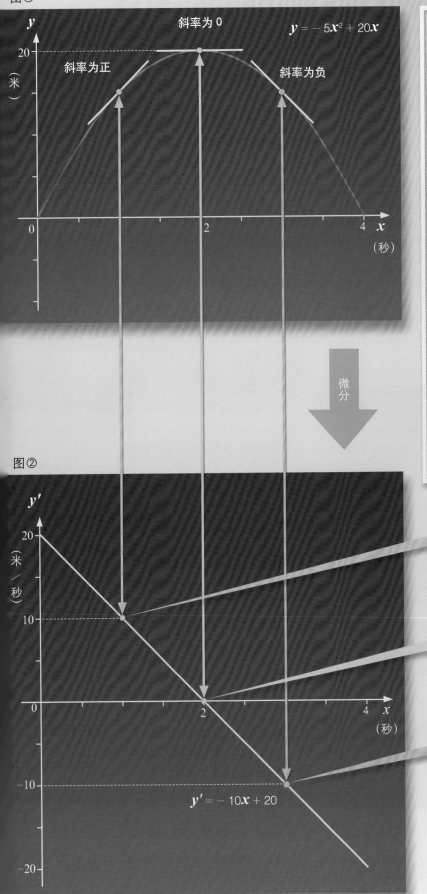

图①

斜率为0

$y = -5x^2 + 20x$

斜率为正

斜率为负

y

20

（米）

0   2   4 x

（秒）

微分

图②

y'

20

（米／秒）

10

0   2   4 x

（秒）

-10

-20

$y' = -10x + 20$

微分的要点

① **微分就是求解"瞬间的变化程度"**
微分就是用来求解事物"瞬间的变化程度"。比如，想要知道距离随时间的变化时，就可以通过微分求得瞬时速度。

② **微分就是求解"切线的斜率"**
把表示事物变化的函数画成图时，求某点斜率的过程就是微分。切线的斜率所表示的就是那时的"瞬间的变化程度"。

③ **把函数微分就能得到导函数**
把函数微分就能得到表示瞬间变化程度的新函数（导函数）。对函数 $y=ax^n$ 进行微分，可以用以下公式来求得导函数。

函数　$y = ax^n$

微分

导函数　$y' = anx^{n-1}$

切线的斜率为正
＝球在上升中

切线的斜率为0
＝球在最高点

切线的斜率为负
＝球在下降中

确认微分的重要公式

接下来，让我们通过导数的定义，来了解微分的重要公式。

右页中，我们对 x^n 所表示的函数进行微分。在此并没有进行具体计算，进行同样的操作可得 $y=5x^2$ 的导数是 $y=10x$

（$=5×2×x$，与第 14 和 15 页的计算相同）。

把原函数与求得的导数对比来看，x 右上的数字出现在 x 前方，且右上数字减 1。也就是说，变化需满足右边的公式关系。

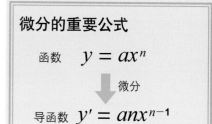

微分的重要公式

函数　　$y = ax^n$

⬇ 微分

导函数　$y' = anx^{n-1}$

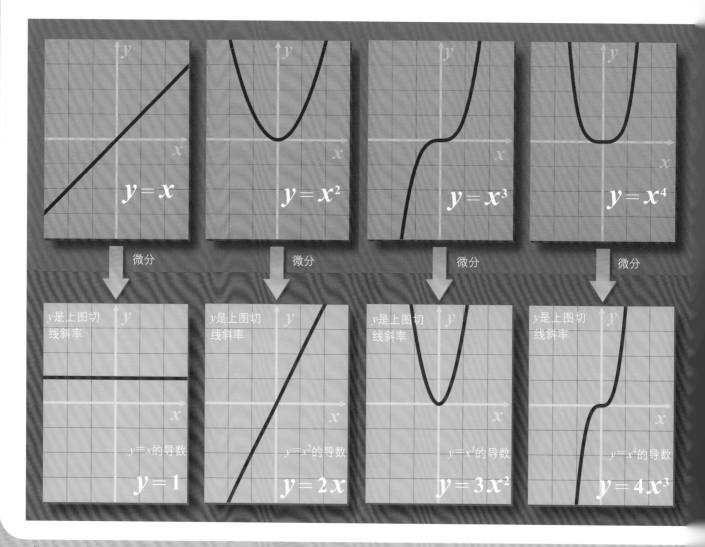

尝试求导

使用导数的定义公式，一起微分 x^n 函数吧。

$y = f(x)$ 导数 y' 的定义

$$y' = \lim_{\Delta x \to 0} \frac{f(x + \Delta x) - f(x)}{\Delta x}$$

求导的过程又称为"微分"

1. $y = x$ 的微分

$$y' = \lim_{\Delta x \to 0} \frac{(x + \Delta x) - x}{\Delta x} = \lim_{\Delta x \to 0} 1 = 1$$

2. $y = x^2$ 的微分

$$y' = \lim_{\Delta x \to 0} \frac{(x + \Delta x)^2 - x^2}{\Delta x}$$

参考公式
$(a + b)^2$
$= a^2 + 2ab + b^2$

$$= \lim_{\Delta x \to 0} \frac{\{x^2 + 2x\Delta x + (\Delta x)^2\} - x^2}{\Delta x}$$

$$= \lim_{\Delta x \to 0} (2x + \Delta x) = 2x$$

3. $y = x^3$ 的微分

$$y' = \lim_{\Delta x \to 0} \frac{(x + \Delta x)^3 - x^3}{\Delta x}$$

参考公式
$(a + b)^3$
$= a^3 + 3a^2b + 3ab^2 + b^3$

$$= \lim_{\Delta x \to 0} \frac{\{x^3 + 3x^2\Delta x + 3x(\Delta x)^2 + (\Delta x)^3\} - x^3}{\Delta x}$$

$$= \lim_{\Delta x \to 0} \{3x^2 + 3x\Delta x + (\Delta x)^2\} = 3x^2$$

4. $y = x^4$ 的微分

$$y' = \lim_{\Delta x \to 0} \frac{(x + \Delta x)^4 - x^4}{\Delta x}$$

参考公式
$(a + b)^4$
$= a^4 + 4a^3b + 6a^2b^2 + 4ab^3 + b^4$

$$= \lim_{\Delta x \to 0} \frac{\{x^4 + 4x^3\Delta x + 6x^2(\Delta x)^2 + 4x(\Delta x)^3 + (\Delta x)^4\} - x^4}{\Delta x}$$

$$= \lim_{\Delta x \to 0} \{4x^3 + 6x^2\Delta x + 4x(\Delta x)^2 + (\Delta x)^3\} = 4x^3$$

利用积分，即使速度在变化也能求得距离

把表示苹果或球的位置变化的曲线进行微分的话，可以求得其瞬时速度（切线斜率）。现在反过来，试着从速度求位置的变化（前进的距离）。其实这就关系到了何为"积分"。

我们设想骑着一辆装有速度计的自行车的情景。如右图所示，在下坡加速之后，自行车又会在平地上以一定速度行进。右页上方的图表示的就是此时速度的变化。

积分就是求面积

在平地以相同速度骑行时，用速度求行进距离是简单的。比如，以 5 米 / 秒的速度骑行 5 秒，可知行进了 25 米。公式是 5（米 / 秒）×5（秒）＝25（米）。看图的话，这个公式相当于是求表示速度的线以下的面积（右页上图中蓝色正方形的面积）。也就是说，表示速度的线下方的面积就对应着行进距离的值。

这个对应关系，在速度不固定时也同样适用。想知道下坡时自行车以一定的加速度加速时所前进的距离，只要求右上图中红色三角形的面积就行了。自行车在 5 秒间，从 0 米 / 秒加速到了 5 米 / 秒。图中红色三角形的面积是：底 × 高 ÷2＝12.5。这便是下坡时自行车行进的距离（12.5 米）。

到此为止的计算，其实全都是以积分进行的。所谓的积分，简单来说就是求直线或曲线下方的面积。在表示速度的时间变化的图中，通过积分（计算速度的线下方的面积）就可以求得行进的距离。

在下坡时
以一定的
比例加速

从面积可以知道行进的距离

设下坡时不踩脚踏板，利用坡的倾斜进行加速。到了平地上则开始踩脚踏板，维持着一定的时速骑行。

此时表示速度（米 / 秒）与时间（秒）关系的，便是右上图。最初在下坡，因为以一定的比例进行加速，速度呈朝右上倾斜的直线。速度变化的比例被称为加速度。在平地上，速度就是水平（一直是同一个值）的直线。

平地上速度的函数
$y = 5$

速度（米／秒）

下坡时速度的函数
$y = x$

面积25
（底边5×高5的正方形）

面积12.5
（底边5×高5的三角形）

时间（秒）

自行车速度的变化

把自行车速度（纵轴、y 轴）与时间（横轴、x 轴）的关系绘成图。表示速度的线的下方（表示速度的线与横轴 x 轴之间的区域）的面积，就是自行车所行进的距离。

在平地不加速，以一定速度行进

包含曲线的图形面积，用"普通的方法"无法计算！

就 像上页所介绍的，以同样的速度骑行，或以一定的比例加速时，由于表示速度的线是直线，求其下方的面积（积分）是很简单的。只要用公式求四边形或三角形的面积就可以解决。那么，如果速度的变化不是一定的，表示速度的线变成曲线时该怎么办呢？

比如，如果在下坡时逐渐加强踩脚踏板的力道，自行车速度的变化会变得像下图中的曲线一样。这条曲线下方的面积，便表示了前行的距离，但其面积不像三角形或四边形一样可以简单求得。

分割成小长方形来求面积

求由曲线围成的图形面积的方

加速度不固定的情况

下坡中如果慢慢加大踩脚踏板的力道（加速），自行车的速度就可以表示成如右图中一样的曲线。如果想求由曲线围成的面积，需要像右页那样把图分割成细长的长方形。

自行车的速度变化

把自行车的速度（纵轴）与时间（横轴）的关系用图来表示。虽然表示速度的曲线下方的面积是自行车行进的距离，但用上一页介绍的那种"普通的方法"无法求得。

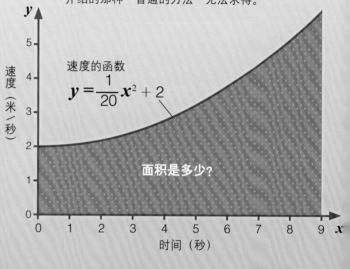

速度的函数
$$y = \frac{1}{20}x^2 + 2$$

面积是多少？

速度（米／秒）

时间（秒）

下坡时逐渐
增大加速度

法之一，是分割求积法。就像下图那样，通过把由曲线围成的区域分割成小的长方形来求面积。分割求积法，是积分的方法之一。

顺带一提，求曲线围成的图形面积的方法，也就是积分的起源，要一直追溯到两千多年前的古希腊数学家、物理学家阿基米德（前287～前212）。阿基米德把抛物线围成的区域的面积分割成无数三角形并求其面积的和，用这样的穷竭法求得其面积。

那接下来，对下面这张图，在曲线下方排列细长的长方形来求面积。但看下图可知，长方形和曲线之间一定会有一些空隙和突出的部分。这就是曲线下方的正确的面积与长方形面积的和之间产生偏差（误差）的原因。

若把长方形的宽度减小（图形分割得更细），曲线与长方形之间的缝隙越小，也就是与实际面积之

间的误差就会越来越小（下面有计算实例）。如果长方形的宽度无限接近于 0，最终误差就会消失，并得以准确求出曲线下方的面积。这便是积分。

积分（分割求积法）

试着使用分割求积法来求曲线下方的面积。假设自行车的速度可以用 $y = \frac{1}{20}x^2 + 2$ 来表示，求 0～9 秒之间行进的距离（面积）。

曲线下方的面积（距离）的正确答案是 30.15（米）。若使用积分公式，就可以求得准确的距离（参考下一页的积分公式）。

下方列出了把图分割成多个长方形所得的面积。虽然右图是分割成 9 份的例子，但可知分得越细，误差就越小（参考下方的计算结果）。与 20～23 页的求瞬时速度相同，通过取极限这一操作就可以求得正确的面积。

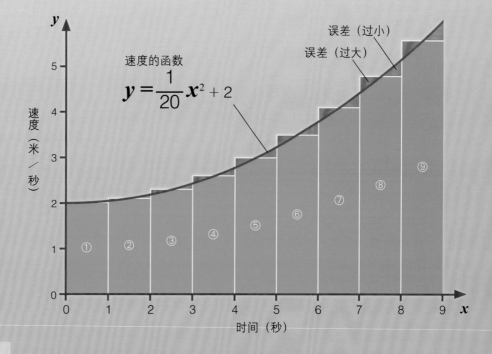

速度的函数
$$y = \frac{1}{20}x^2 + 2$$

误差（过小）
误差（过大）

纵轴：速度（米／秒）
横轴：时间（秒）

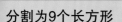

曲线下方的面积是 30.15

分割为9个长方形
每个长方形的底边长为1

①底边1×高2.0125＝面积2.0125
②底边1×高2.1125＝面积2.1125
③底边1×高2.3125＝面积2.3125
④底边1×高2.6125＝面积2.6125
（中略）
⑨底边1×高5.6125＝面积5.6125

9 个长方形的面积和为 30.1125
（误差为0.0375）

分割为18个长方形
每个长方形的底边长为0.5

①底边0.5×高2.003125＝面积1.0015625
②底边0.5×高2.028125＝面积1.0140625
③底边0.5×高2.078125＝面积1.0390625
④底边0.5×高2.153125＝面积1.0765625
（中略）
⑱底边0.5×高5.828125＝面积2.9140625

18 个长方形的面积和为 30.140625
（误差为0.009375）

分割为36个长方形
每个长方形的底边长为0.25

①底边0.25×高2.0007813＝面积0.5001953
②底边0.25×高2.0070313＝面积0.5017578
③底边0.25×高2.0195313＝面积0.5048828
④底边0.25×高2.0382813＝面积0.5095703
（中略）
㊱底边0.25×高5.9382813＝面积1.4845703

36 个长方形的面积和为 30.147656
（误差为0.002344）

统一微分与积分的牛顿的大发现

计 算积分的方法之一——分割求积法，虽然可以求曲线下方的面积，但计算十分烦琐费时。虽然无限分割可以求得准确的面积，但只要分割成有限的个数，就一定会产生误差。积分的这个问题在 17 世纪被解决了，解决者是因发现了万有引力定律而闻名的艾萨克·牛顿（1642～1727）。

微分与积分是互逆的过程

即便是数学教科书中也被当作"一对"处理的微分与积分，直到 17 世纪，它们还是作为相互毫无关系的方法分别发展的。然而，牛顿发现了微分与积分其实是互逆的运算，把微分与积分统一为一门学问。

就像前文所介绍的，求解表示速度变化的直线和曲线下方的面积（积分），就能知道距离。另外，求表示距离变化的曲线的切线斜率（微分），就能知道速度。也就是说，把速度积分后再微分的话，可以再次得到关于速度的信息。这就是微分与积分是互为逆运算的含义。

以自行车速度为例，把表示速度的函数（$y=\frac{1}{20}x^2+2$）积分，可以得到关于行进距离（面积）的函数。如果求解微分后结果为 $y=\frac{1}{20}x^2+2$ 的函数，也就是指求表示行进距离（面积）的函数。这个函数是 $y=\frac{1}{60}x^3+2x+C$。这里若把代入 $x=9$ 得到的值减去代入 $x=0$ 的值，便可准确求出 9 秒间行进的距离为 30.15（关于计算方法参考第 130 页）。这样，不使用麻烦的分割求积法也能求得准确的距离（面积）。

微积分学的基本定理

图片表现了微分与积分互逆的含义。右页 3 个图从上至下分别是表示苹果自由下落这样的物理现象中的加速度、速度和距离（下落距离）随时间的变化。

若把关于加速度的函数进行积分，就可以得到关于速度的函数。把关于速度的函数进行积分，就可以得到关于距离的函数。反之，把距离的函数微分可以得到速度的函数，把速度的函数微分就可得加速度的函数。

积分的要点

① **所谓的积分，就是求图形的面积**
绘制直线或曲线的图像时，求线下方区域（与横轴围成的区域）的面积就是积分。

② **积分有分割求积等方法**
若想积分，有通过把曲线所围成的区域分割成细长四边形来求面积的分割求积法等方法。

③ **把函数积分可得原函数**
若把函数积分，可以得到表示夹在此函数的线与横轴（x 轴）间的区域的新函数。这个新求得的函数被称为原函数。

根据微积分学的基本定理，由于微分与积分是互逆的，"微分后会变回原函数的函数"就是原函数。把函数 $y=ax^n$ 积分得到的原函数可以通过下面的公式来得到。关于积分的符号会在第 34 页介绍，而关于 C（积分常数）会在第 36 页进行详细的介绍。

函数 $\quad y=ax^n$

积分 ↓ ↑ 微分

原函数 $\quad \int y\,\mathrm{d}x = \dfrac{a}{n+1}x^{n+1}+C$

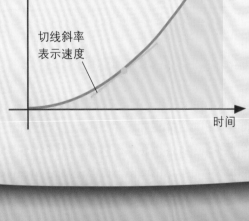

把加速度积分就得到了速度

若把关于加速度的函数积分，可以得到关于速度的函数（用于求加速度线下方面积的函数）。

把速度微分就得到了加速度

若把关于速度的函数微分，可以得到关于加速度的函数（用于求速度曲线的切线斜率的函数）。在左图中由于速度是直线，速度的直线与切线重合，切线的斜率（加速度）是一定的。

把速度积分就得到了距离

若把关于速度的函数积分，可以得到关于距离的函数（用于求速度线下方面积的函数）。

把距离微分就得到了速度

若把关于距离的函数微分，就可以得到关于速度的函数（用于求距离曲线的切线斜率的函数）。

加速度 / 表示加速度的函数 / 面积表示速度 / 时间

积分

微分

速度 / 表示速度的函数 / 切线的斜率表示加速度 / 面积表示距离 / 时间

积分

微分

距离 / 表示距离的函数 / 切线斜率表示速度 / 时间

微积分的发现者有两人

其实，微积分学基本定理的发现者有两人。艾萨克·牛顿与德国哲学家、数学家戈特弗里德·莱布尼茨。因为几乎是在同一时期各自独立发现的，因此，两人都被认为是发现者。

艾萨克·牛顿
(1643 ~ 1727)

戈特弗里德·莱布尼茨
(1646~1716)

为何微分的符号是 $\dfrac{dy}{dx}$，而积分的符号是 $\int$ 呢？

在微分中，函数 $y=f(x)$ 微分后的函数（导函数）以 $\dfrac{dy}{dx}$ 或 y' 表示。$\dfrac{dy}{dx}$ 这一符号整体是表示微分（导函数）的一个符号，而不是分数，读法也是"dydx"，而不是分数那样读为"dx 分之 dy"。

微分的英语是 differential。最先以 differential（表示"差"的意思）来称呼微分的人是微积分的发现者之一戈特弗里德·莱布尼茨（1646～1716）。dy 和 dx 分别是 y 和 x 的微小的增加量（差异）的意思，所以 d 取的是 differential 的首字母。

积分符号是 s 拉长后得来的

在积分中，用于求函数 $y=f(x)$ 下方面积的函数（原函数）写作 $\int y dx$。$\int$ 读作 integral。积分的英语是 integral，意思是"整体"。瑞士数学家雅各布·伯努利

微分与积分符号的含义

本图展示了微分（本页）与积分（右页）主要符号的由来与含义。

$$\dfrac{dy}{dx}$$

d 是 differential（差）的首字母

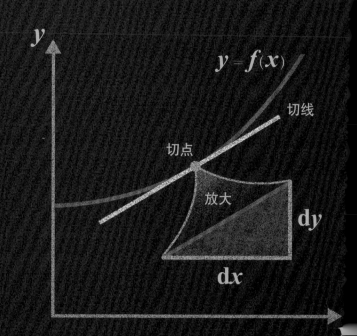

微分的符号表示的是切线斜率

表示函数 $y=f(x)$ 的切线斜率的函数（导函数）就如上所示，用 dy 与 dx 来表示。这源于莱布尼茨把切线的斜率比作右上图那样的微小三角形的两边之比这一想法。在第 14 页虽然出现了 Δx（小的增量），但把 Δx "缩小到极限"的结果就是 dx。

也有像 y' 或 $f'(x)$ 这样通过加一个撇来表示导函数的方法。这是法国数学家约瑟夫·拉格朗日（1736～1813）所发明的表示法。

导函数的其他表示

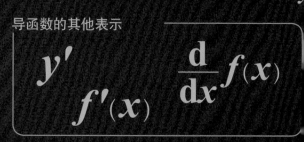

（1654～1705）等人最先开始使用这个词来指代积分。想出∫这个符号的莱布尼茨最先开始用拉丁语 *calculisummatorius*（求和的计算）来称呼积分。∫原本是表示"总和"意思的拉丁语 *summa* 的首字母 *s* 的斜体。现在∫虽然被称为 integral，但符号本身是源于莱布尼茨对积分的称呼。

发明符号是莱布尼茨的强项

现在我们所使用的微分和积分的符号基本都是莱布尼茨发明的。莱布尼茨曾研究过把人的思维以符号呈现的"符号逻辑学"，因此，他发明新符号的能力非常优秀。虽然牛顿也曾发明过自己的符号（比如，把 x 关于时间的微分结果写作 $\dot{x}$），但现在并没有被广泛使用。

最先开始使用"函数""坐标"这些词的是莱布尼茨

最先开始使用"函数"（英语为 function）这一词的，据说是莱布尼茨。在 17 世纪 70 年代，莱布尼茨开始用拉丁语的 *functio* 称呼与现代函数相接近的概念。

另外，"函数"是 function 翻译为中文时而被创造出的词语。"函"有箱子的意思。

除此以外，最先开始使用"坐标"（英语 coordinate）一词的据说也是莱布尼茨。发明坐标这一思维方式的虽然是笛卡儿与费马，但他们并没有给它取特定的名字。

（参考文献：片野善一郎著《数学用语与符号的故事》）

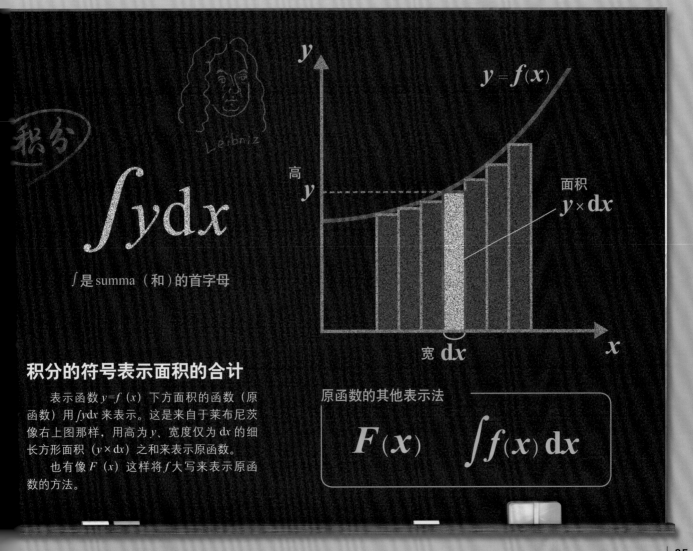

∫是 summa（和）的首字母

面积 $y \times dx$

高 y

宽 dx

$y = f(x)$

积分的符号表示面积的合计

表示函数 $y=f(x)$ 下方面积的函数（原函数）用 $\int y\,dx$ 来表示。这是来自于莱布尼茨像右上图那样，用高为 y、宽度仅为 dx 的细长方形面积（$y \times dx$）之和来表示原函数。

也有像 $F(x)$ 这样将 f 大写来表示原函数的方法。

原函数的其他表示法

$$F(x) \qquad \int f(x)\,dx$$

积分后出现的积分常数 C 是什么？

函数积分后得到的原函数（详见第32页）中，出现了积分常数 C。而微分得到的导数中却没有 C。C 到底是什么？为什么只在积分中出现呢？

取代因微分消失的常数

我们先来对"$y=x^2$""$y=x^2+2$""$y=x^2-3$"三个函数进行微分。微分后所有函数都得到同样的导数 $y=2x$（参考右页图解）原来的函数中"$+2$""-3"等常数项，因和切线斜率无关，所以在微分时就消失不见了。

现在让我们对得到的导数进行积分。积分 $y=2x$ 可得原函数 $y=x^2+C$。

微分与积分是互逆的，微分后再积分，应该可得原来的函数。但是 $+2$、-3 等原来的函数中的常数项，却因微分而消失不见。$y=2x$ 微分前的函数中包含什么常数便无从知晓。

也就是说，所谓积分常数 C，虽然存在于原来的函数中，但它用来代指无法用具体特定的常数而表示的符号。

同时，只要知道原来函数上的一个坐标，就可以锁定 C 的值。以刚才的例子来说，假定微分前函数通过点 $(1, 3)$，把 $x=1$，$y=3$ 代入公式 $y=x^2+C$ 中，便可得 $C=2$。

不定积分和定积分

严格来说，积分包括"不定积分"和"定积分"两类。

对 $y=2x$ 进行积分，可得原函数 $y=x^2+C$。因为积分常数 C 表示非特定常数，所以用公式 $y=x^2+C$ 表示 $y=2x$ 可取得的全体原函数。在这里，$y=x^2+C$ 就称为 $y=2x$ 的不定积分。

与此相对，所谓定积分是指求解在一定范围内，函数与 x 轴围成的区域面积。比如，在 $y=2x$ 与 x 轴围成的区域内，求定积分就是求解 x 在 $1\sim2$ 区间内的面积。

单纯对函数求积分，是指求解对添加积分常数 C 的原函数的不定积分。与此相对，若对 x 进行范围限定，求解 x 在 $1\sim2$ 的具体区间内的积分，则称为求定积分（在此省略具体计算方法，定积分计算方法将在第 130 页进行介绍）。🍎

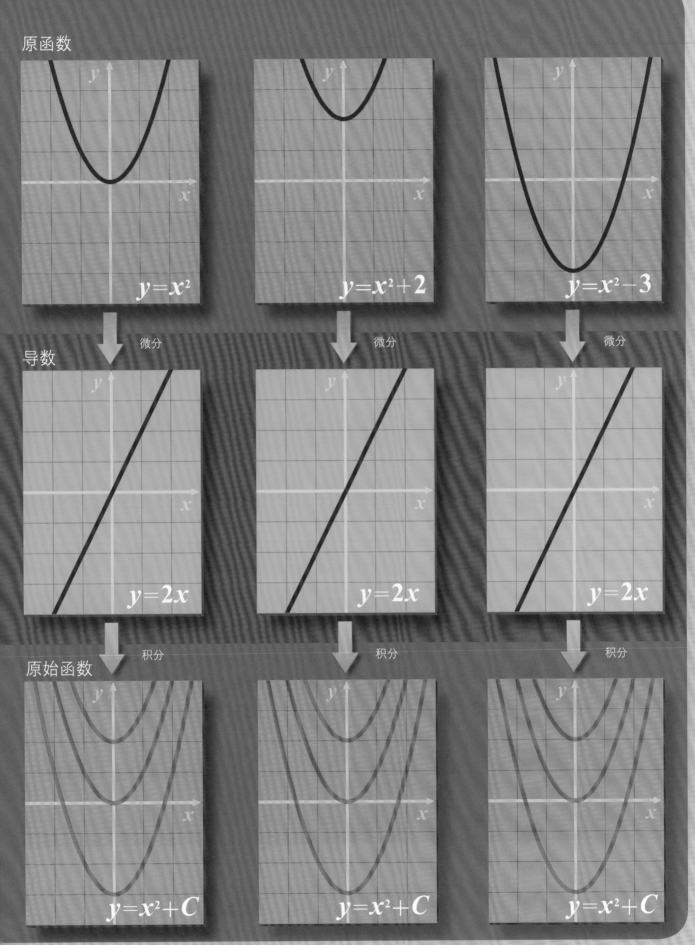

原函数

$y=x^2$

$y=x^2+2$

$y=x^2-3$

微分

微分

微分

导数

$y=2x$

$y=2x$

$y=2x$

积分

积分

积分

原始函数

$y=x^2+C$

$y=x^2+C$

$y=x^2+C$

对圆周积分可以求得圆的面积

试着通过圆周与圆面积的公式来实际感受一下微分与积分是互逆关系吧！

圆的半径是 r，圆的周长可以写作 $2\pi r$（直径 $2r \times$ 圆周率 π），圆的面积可写作 πr^2（半径 $r \times$ 半径 $r \times$ 圆周率 π）。实际上，把圆的周长积分也可以求得圆的面积。为什么会这样呢，让我们一起来看看吧！

把圆周"累积"的话会成为面积

可以通过从圆的中心到边缘叠加圆周这一想法来求得圆的面积。由于圆周是线，原本并不具有宽度。在这里我们像下图那样，设想一个具有极小宽度的圆周。这样，半径为 r 的具有极小宽度（设宽为 dr）的圆周的面积可以用 $2\pi r \times dr$ 来求得。我们要将其从圆心一直叠加到边缘（进行积分）。

在半径是 r 的圆里，从半径 0（中心）到 r（边缘），若以具有极小宽度的圆周面积进行叠加（进行积分），其结果会是 πr^2（右页上方有计算过程）。也就是说，通过积分可以从圆的周长公式得到圆的面积公式。因为积分与微分是互逆的，若把圆的面积微分，则可以求得其周长。

把具有极小宽度的圆周叠加起来

下图表现了通过积分从圆周求圆面积的方法。设想圆周具有极小的宽度（本页的1），像这样通过把圆周从中心一直叠加到边缘（右页的2），可以求得圆的面积。

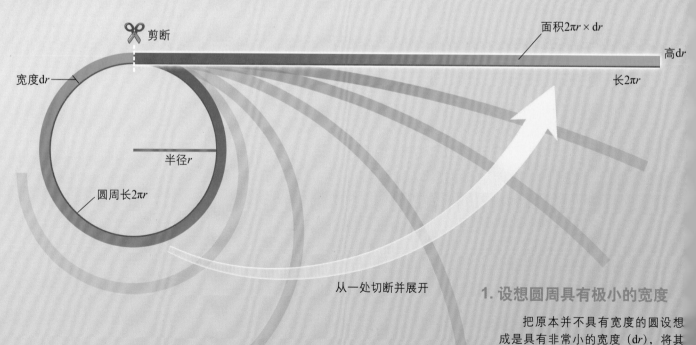

✂ 剪断

面积 $2\pi r \times dr$

高 dr

长 $2\pi r$

宽度 dr

半径 r

圆周长 $2\pi r$

从一处切断并展开

1. 设想圆周具有极小的宽度

把原本并不具有宽度的圆设想成是具有非常小的宽度（dr），将其笔直伸展后，可以看作是长 $2\pi r$ 高 dr 的长方形，可由此计算面积。

半径0

$$\int 2\pi r\,\mathrm{d}r = 2\pi\int r\,\mathrm{d}r = 2\pi\left(\frac{1}{2}r^2\right)+C$$
$$=\pi r^2+C$$

积分常数C是半径（r）为0时的圆的面积。因为半径为0时，面积也是0，所以$C=0$。

$$=\pi r^2$$

2. 把圆周一直叠加到边缘

把具有极小宽度的圆周从中心一直累加到边缘。使用积分的公式（详见第128页）计算的话，可以求得圆的面积。同时，使用在130页介绍的定积分也可以推导出来。

另外，圆的面积是πr^2，还可从下图这样的层状重叠的圆（如卷筒纸等）被切开平展的过程，来直观地理解。

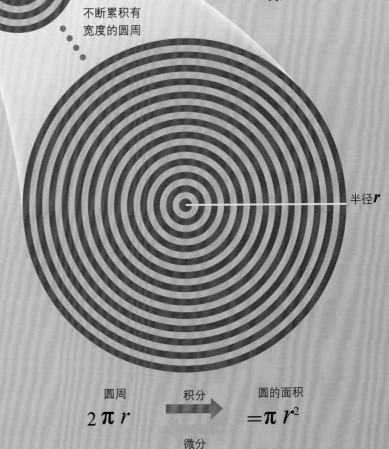

不断累积有宽度的圆周

半径r

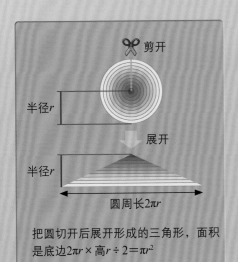

✂ 剪开

半径r

展开

半径r

圆周长$2\pi r$

把圆切开后展开形成的三角形，面积是底边$2\pi r\times$高$r\div 2=\pi r^2$

圆周
$$2\pi r$$

积分 →
← 微分

圆的面积
$$=\pi r^2$$

对球的表面积积分就能得到球的体积

圆周与圆面积的关系在球表面积与球体积之间也同样是成立的。对球的表面积积分可以得到球的体积，把球的体积微分则可以得到球的表面积。

设想球的表面有非常小的厚度（$\mathrm{d}r$）。这样球体的体积就可以认为是球的表面积$\times\mathrm{d}r$。设想球内部充满了这样的表面，把它们全部加起来（积分）便可求得体积。

因为圆周是线，所以作为图形而言是一维的。圆的面积是二维的。同时，球的表面积是二维的，球的体积是三维的。也就是说，积分可以提升图形的维度，相反，微分则会降低维度。

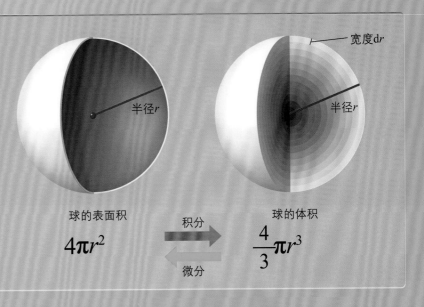

宽度$\mathrm{d}r$

半径r

半径r

球的表面积
$$4\pi r^2$$

积分 →
← 微分

球的体积
$$\frac{4}{3}\pi r^3$$

有比牛顿更早"发现"微积分的人？！

发现微积分学的基本定理并被认为是微积分学创始人的是艾萨克·牛顿与戈特弗里德·莱布尼茨。为什么创始人有两位？谁是"真正"的创始人呢？其实在牛顿与莱布尼茨之间，曾围绕着是谁最先发现了微积分学的基本定理进行过激烈的争论。

虽然牛顿最先发现，但多年没有公开发表

因为微积分学的基本定理被发现，微分与积分被统合为一个完整的学问。从当时牛顿撰写的原稿等证据来看，牛顿被认为是在 1665 年发现了微积分学的基本定理。当时的牛顿 22 岁，还是英国剑桥大学的学生。

然而，这些成果被公布却是近 40 年后的 1704 年。不只是微积分，牛顿向来不太愿意公开发表自己的成果，据说是因为他讨厌公开成果而被卷入争论。至于微积分，也有人指出，是因为牛顿自己可能对当时使用的数学方法并不满意。

另外，莱布尼茨则据说是在比牛顿晚 10 年的 1675 年，独自发现了微积分学的基本定理，并在 1686 年把此成果作为论文发表。也就是说，莱布尼茨比牛顿发表得更早。这个事实使得是谁先发现了微积分学基本定理这一争论变得越加复杂。

莱布尼茨被牛顿的支持者怀疑剽窃牛顿的成果。被冤枉的莱布尼茨虽提出抗议，但由于当时牛顿在科学界拥有巨大的"权力"，莱布尼茨剽窃的嫌疑就这样在世间流传开了。这一嫌疑被洗清是很久以后的事了，在莱布尼茨的有生之年里，这个嫌疑都未曾被洗清。

费马等人离"发现"也仅一步之遥

虽然牛顿与莱布尼茨是天才数学家这一点毫无疑问，但在几乎相同的时期发现了微积分学基本定理则并非偶然。当时的数学家已经到达了离基本定理仅"一步之遥"的距离，可以说是给两人发现微积分

1660 —

1665 年（牛顿 22 岁）
牛顿发现微积分学的基本定理

1670 —

1675 年（莱布尼茨 29 岁）
莱布尼茨发现微积分学的基本定理

1676 年（莱布尼茨 30 岁）
莱布尼茨访问伦敦，阅读了只对相关人士公开的牛顿的论文

1680 —

1686 年（莱布尼茨 40 岁）
莱布尼茨发表关于微积分学基本定理的论文

1690 —

1699 年（牛顿 56 岁）
牛顿的支持者谴责莱布尼茨剽窃了牛顿的成果

1704 年（牛顿 61 岁）
牛顿著书发表关于微积分学的论文

1700 —

1711 年（莱布尼茨 65 岁）
莱布尼茨就剽窃嫌疑向英国皇家学会寄抗议书

1710 —

1713 年（牛顿 70 岁）
英国皇家学会认定牛顿为微积分学的发现者

牛顿与莱布尼茨的争执

上表汇总了围绕着微积分学基本定理的发现，与牛顿和莱布尼茨相关的主要事件。

阿基米德
公元前287~前212，古希腊数学家、物理学家。提出了被认为是积分起源的分割求积法。

开普勒
1572~1630，德国天文学家。利用积分的思考方法发现了开普勒第二定律。

托里拆利
1608~1647，意大利数学家。提出了被曲线围成的区域面积的求法。

卡瓦列里
1598~1647，意大利数学家。提出了求解面积和体积相关的卡瓦列里原理。

微分

笛卡儿
1596~1650，法国哲学家、数学家。研究了切线的求解方法等。

费马
1601~1665，法国数学家。研究了切线的求解方法等。

莱布尼茨
1646~1716

牛顿
1643~1727

到微分与积分被统一为止的数学简史

这里汇总了在微分与积分发展的历史中取得了重要成果的数学家。作为互相独立的方法发展的微分与积分，直到17世纪才由牛顿与莱布尼茨再构筑为同一门学问。17世纪以后，在众多数学家的努力下，微积分学有了更便于使用的符号与更强的数学严谨性，并一直发展到现在。

基本定理准备好了所需的环境。

比如，比牛顿早约50年出生的法国哲学家、数学家勒内·笛卡儿（1596~1650）确立了利用坐标把图形变换为数学公式（或者说把公式变换为图形）从而解决问题的解析几何。笛卡儿还讨论过切线（准确来说是与切线垂直的法线）的求解方法，牛顿则阅读过记述了这些内容的书。

与笛卡儿同时代的数学家皮埃尔·德·费马（1601~1665）也曾研究过切线及曲线围成的图形面积的求解方法，探明了微分和积分的几个要点。但是，由于没能发现微积分学的基本定理，一般并不认为费马是微积分学的创始人。

微积分的诞生是现代数学的第一个成就

过去曾是不同学问的微分与积分因为被牛顿与莱布尼茨的研究成果所统一，诞生出了微积分学这一崭新的数学领域。微积分的应用范围非常广泛，说是支撑着现代社会的数学也不为过。

匈牙利科学家约翰·冯·诺伊曼（1903~1957）不仅在数学和物理领域，而且在计算机科学及经济学等很多领域都十分活跃，被称为"20世纪最有智慧的科学家"。他对微积分曾做出过这样的评论："这是现代数学取得的第一个成就，对其重要性无论怎样评价都不为过。"※

※ 摘自高桥昌一郎著《诺伊曼·哥德尔·图灵》

向微分方程发起挑战

目前，已经介绍了微分与积分的基本思想。那么，使用这些知识，在这一页试着挑战一下微分方程吧。

所谓的微分方程，正如其文字所说，指的是包含微分后的函数（导函数）的方程。对于像 $x+5=13$ 这样的普通方程，"解方程"意味着求满足方程的未知数 x 的数值（$x=8$）。而解微分方程则意味着求满足微分方程的未知函数。

用微分方程预测未来

如右图所示，拿着苹果的手缓缓松开。通过解微分方程，可以求得这个苹果的下落速度关于时间的函数（见右侧解说）。知道了速度的函数，就可以通过计算得到未来某一瞬间的具体下落速度。

正如在第8页所介绍的，微积分广泛应用于从小行星探测器的控制到古生物学（年代测定）、金融工程等许多领域。微分方程是分析、预测不同现象的过去与未来的非常强大的"武器"。 🍎

试着通过求解微分方程来求苹果的下落速度

以苹果的自由下落为例，试着实际求解一下微分方程吧。

因为这里所介绍的是极简单的例子，仅使用积分就可得到关于速度的函数。但是，如果公式变得更复杂，就很难通过公式的变形及简单的积分去求解。而且，虽然二次方程存在解的公式，但不是任何微分方程都有解的公式。复杂的微分方程可以通过使用计算机来求得近似的解。

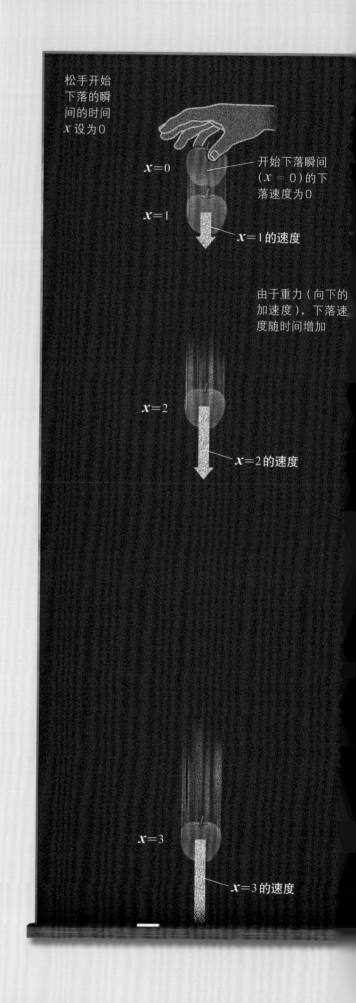

松手开始下落的瞬间的时间 x 设为0

$x=0$

开始下落瞬间（$x=0$）的下落速度为0

$x=1$

$x=1$的速度

由于重力（向下的加速度），下落速度随时间增加

$x=2$

$x=2$的速度

$x=3$

$x=3$的速度

1. 建立微分方程

手松开后苹果会向下落下，是因为苹果受到了重力（重力加速度）的作用。
因为重力，物体的下落速度会每秒增加 10 米 / 秒（更准确地说是 9.81 米 / 秒）。
速度变化的程度，也就是加速度是 10（米 / 秒²）。
就像至此为止所介绍的，对速度微分能求得加速度，设下落速度为 y，其导函数为 y' 就可以得到下式。

$$y' = 10$$

这个等式（由等号连接的式子）就是微分方程。

2. 求解微分方程

开始实际求解微分方程，求未知的速度函数（y）吧。
把刚才的式子整体（左边与右边）对时间 x 积分

对时间 x 积分　　　　　　　　　　　　　　　　对时间 x 积分

$$\int y'\mathrm{d}x = \int 10\,\mathrm{d}x$$

因为将 y 微分后的式子进行
了积分所以会变回原式

微分后结果为
10 的函数（原
函数）是 $10x$

$$y + C_1 = 10x + C_2$$

C_1 与 C_2 是被称为积分
常数的东西（详见第
34 页）

$$y = 10x + C_2 - C_1$$

$$y = 10x + C$$

将 $C_2 - C_1$ 替换成
新的积分常数 C

将两边积分的话，会变成 "$y = \cdots$" 的形式，从而求得了速度 y 与时间 x 的函数。
这样，我们就解开了微分方程。

3. 试着实际求解速度

刚才速度的函数包含着积分常数 C（关于积分常数，详见第 34 页）。
只要知道时间 $x = 0$ 时（松开手苹果开始下落时）的速度（被称为初始条件），就能够求得 C 的值。
因为苹果开始下落时（$x = 0$）的速度是 0（$y = 0$），把 $x = 0$，$y = 0$ 代入刚才的式子，就会变成 $0 = 0 + C$，
从而可知 $C = 0$，也就是说速度 y 与时间 x 的函数为

$$y = 10x$$

这是一个简单的形式，由此可知下落速度是与时间成比例地不断增加的。
比如，若想知道下落开始 2 秒后的速度，只需把 $x = 2$ 代入，

$$y = 10 \times 2 = 20$$

通过这样的计算，可知速度约是 20 米 / 秒。

想了解更多！微积分的发展史

探寻微积分诞生的时代背景和数学家的思考，可加深对微积分的认识。本章将从微积分诞生的前夜讲起，再到牛顿发现微积分、继牛顿之后现代微积分的发展进行逐一介绍。本章还会涉及牛顿和莱布尼茨间关于微积分发明权归属之争、牛顿的巨著《自然哲学的数学原理》及微积分之谜等有趣的话题。

46 序言　艾萨克·牛顿的一生

54 PART 1　微积分诞生的前夜

72 PART 2　牛顿的微分法

84 PART 3　微分和积分的统一

104 PART 4　发明权归属之争和微积分之后的发展

给科学带来数场
革命的艾萨克·牛顿的一生

可以说，创造出微积分的天才科学家艾萨克·牛顿是本书的主人公。他生长在什么样的家庭，过着怎样的生活？他是什么性格的人呢？通过了解牛顿的人生，能更深刻地体味微积分的故事。

位于英国沃尔斯索普的牛顿故居。1665年，因为伦敦大瘟疫暴发，牛顿离开剑桥回到了沃尔斯索普。在这里展开对微积分和万有引力定律的研究。

除创立微积分外，艾萨克·牛顿还取得了万有引力定律和白光是各色光的集合等许多改写科学史的成果。也许作为物理学家的牛顿给人留下更深的印象，但他同时也是伟大的数学家。有人把他与阿基米德（前287～前212）、卡尔·弗里德里希·高斯（1777～1855）并称为世界三大数学家。另外，他还是神学家和炼金术士。

在进入第二章正篇之前，本书将简要介绍这位22岁就发明了微积分的天才科学家——牛顿的一生。

出生于圣诞节，热爱发明的少年成长史

1643年1月4日（按照当时的儒略历为1642年12月25日）[※1]，艾萨克·牛顿出生在距离伦敦偏北方向170千米左右的小村庄——沃

※1：当时英国采用的是儒略历，一直延续至1752年。牛顿的生日用现行的格里历换算对应的是1643年1月4日。本书所涉及的发生在英国1752年之前的内容，基本用儒略历来表示。

牛顿的肖像画，时年46岁。1689年，为当时最有人气的肖像画家戈弗雷·内勒所作。

尔斯索普。

牛顿的父亲（与牛顿同名，也叫艾萨克）是富裕的农场主，在牛顿出生前几个月因病去世。牛顿的母亲（名为汉娜）在他3岁时再婚，年幼的艾萨克被托付给外祖母抚养。在牛顿10岁时，母亲因再婚对象去世又回到了沃尔斯索普。

然而，时隔数年后难得的母子时光也极为短暂。为了去离家稍远的城市上学，12岁的牛顿开始在熟识的药剂师家里寄宿。据说，牛顿在少年时代热爱读书，对机械模型制作很感兴趣，自己还制造了风车和日晷。而且牛顿的性格安静，经常一个人待着。

牛顿快17岁时，他的母亲为了农场的经营希望牛顿停学务农。但牛顿就读学校的校长和注意到牛顿非凡才能的人都强烈建议他继续读书。牛顿好像也不太适合经营农场，曾闹出过很多错事，如羊被放跑等。

进入名校剑桥大学

1661年，18岁的牛顿离开农场，以准减费生（又称"准公费生"）的身份进入剑桥大学学习。虽然学费便宜，但牛顿必须勤工俭学做一些杂活儿。牛顿的家庭经济条件比较富裕，应该是因为升学遭到了他母亲的反对而拒绝承担其学费。

刚进入大学的牛顿，学习了

有这样一则经典轶事，据说牛顿因看到从树上掉落的苹果而产生了万有引力的理论灵感。位于牛顿家乡沃尔斯索普的故居内，确实长有一棵苹果树，但该故事的真伪无从证明。

苹果

万有引力

亚里士多德（前 384～前 322 年）等古希腊哲学家的传统思想，却对此并无兴趣。反而热衷于阅读意大利天文学家伽利略·伽利雷（1564～1642）和法国哲学家勒内·笛卡儿（1596～1650）等当时最先进的学者的书籍。

1664 年，21 岁的牛顿为了获得学校的资助拿到奖学金而报名参加了资格考试。当时，考官指出牛顿对于古希腊数学家欧几里得（公元前 295 年左右知名的数学家）的知识掌握欠缺。据说，牛顿只专心学习当时最先进的笛卡儿理论，对无趣的欧几里得理论却不太用心学习。话虽如此，牛顿依然顺利通过考试，成为光荣的奖学金获得者。

牛顿之后应用于微积分发明的相关数学知识，便是从那时（1664 年前后）阅读的书籍中积累起来的。可以说除笛卡儿所著的《几何学》之外，英国数学家约翰·沃利斯（1616～1703）所著的《无穷算术》等作品也对牛顿的数学思想产生了极大影响。

牛顿在大学时对天文学也有强烈的兴趣。但由于天文观测需要在夜间进行，导致牛顿身体状况越发虚弱，眼睛也因观测时直视太阳，刺痛不已。据说，牛顿对天文学的热爱也曾一度达到痴迷的状态。

另外，牛顿是个认真的学生，对酗酒、豪赌丝毫不沾。牛顿学生时代的笔记还记录下他向朋友带利放贷的事。牛顿性格较真、不善交

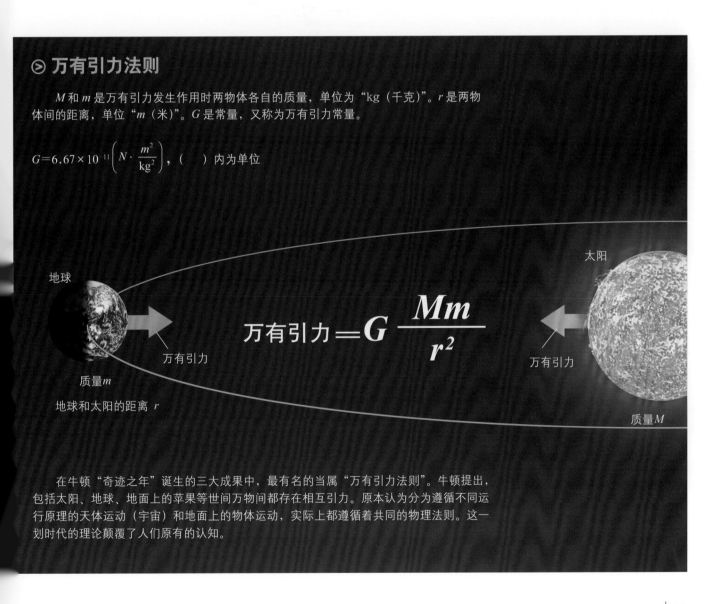

▷ 万有引力法则

M 和 m 是万有引力发生作用时两物体各自的质量，单位为 "kg（千克）"。r 是两物体间的距离，单位 "m（米）"。G 是常量，又称为万有引力常量。

$$G = 6.67 \times 10^{-11} \left(N \cdot \frac{m^2}{kg^2} \right), (\quad) \text{内为单位}$$

地球

万有引力

质量 m

地球和太阳的距离 r

$$\text{万有引力} = G\frac{Mm}{r^2}$$

太阳

万有引力

质量 M

在牛顿"奇迹之年"诞生的三大成果中，最有名的当属"万有引力法则"。牛顿提出，包括太阳、地球、地面上的苹果等世间万物间都存在相互引力。原本认为分为遵循不同运行原理的天体运动（宇宙）和地面上的物体运动，实际上都遵循着共同的物理法则。这一划时代的理论颠覆了人们原有的认知。

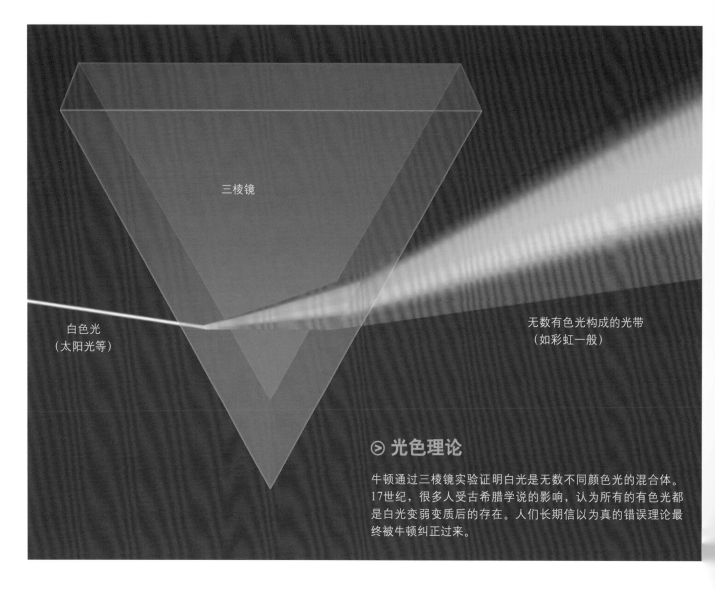

三棱镜

白色光
（太阳光等）

无数有色光构成的光带
（如彩虹一般）

⊙ 光色理论

牛顿通过三棱镜实验证明白光是无数不同颜色光的混合体。17世纪，很多人受古希腊学说的影响，认为所有的有色光都是白光变弱变质后的存在。人们长期信以为真的错误理论最终被牛顿纠正过来。

际，在大学期间的朋友并不多。

因鼠疫返回故乡，"奇迹之年"即将到来

1665 年，伦敦鼠疫（鼠疫杆菌引起的传染病）肆虐，疫情也波及伦敦北部的剑桥。1665 年 8 月，剑桥大学封校。

因大学封校，牛顿回到故乡沃尔斯索普。在安静的乡下，牛顿专注数学、物理学方面的研究。其研究成果包括微积分原理、万有引力

定律、光的理论，上述三者被称为"改变科学史的三大发现"。

1665 年夏天，牛顿在大学封校期间提出了微积分原理的初步构想。当时的牛顿只有 22 岁。返回故乡的牛顿致力于微积分研究，撰写了多部论文。在之后的 1666 年 10 月，牛顿把过往的想法进行总结，并最终完成了微积分法则的决定性论文。同时，牛顿又把创立的微积分法则称为"流数法"。

一般认为，牛顿正式开始数学研究始于 1664 年 4 月。牛顿在

仅仅数年间，迅速超越了那个时期的数学水平，并独立创立了数学法则。

"万有引力定律"的发现是牛顿最著名的成就之一。该定律揭示了重力的作用方式，认为从树上落下的苹果和围绕宇宙运转的天体都基于同样的重力定律而运动，这一革命性观点从根本上彻底颠覆了当时的认知常识。在科学史上，《自然哲学的数学原理》被认为是万有引力定律等重力相关理论最重要的书籍之一，且广为人知（详见第

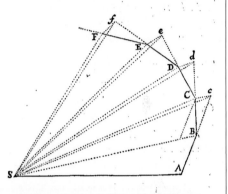

摘自关于天体椭圆运动的《自然哲学的科学原理》。《自然哲学的科学原理》是介绍"世界构造"的划时代巨著。但由于过于晦涩难懂，当时能够正确理解这一内容的人少之又少。

114 页）。

"光的原理"是解释光的性质的理论，认为来自太阳的白光是由无数彩色光聚集而成的。牛顿在家乡的房间内，让太阳光穿过三棱镜（玻璃等制成的透明多面体），并将其分解为如彩虹一样的 7 种颜色，通过实验证明了理论的正确性。在理解了光的性质之后，少年时代擅长发明的牛顿在该实验过去几年后，制造出世界上第一个实用的反射望远镜。

1665～1666 年，牛顿不断刷新并改写科学史，这段时间后来被人们称为"奇迹之年"。

不愿公开结果，竟成为日后纷争的起因

尽管完成了众多惊人的发现，但牛顿并没有立即把这些成果公开发表。有人说牛顿之所以不愿公开研究成果，是为了避免因成果的公开而卷入纷争。

例如，牛顿在微积分成果发明（1666 年）的约 40 年之后（1704年），才正式公开发表自己的研究结果。因为牛顿不愿立即公布科研结果，进而引发了微积分优先发明权的激烈争论（与莱布尼茨关于微积分发明权的争论，详见第106 页）。

牛顿经常因科学见解不同，与其他科学家就数学、物理学、天文学等产生诸多争论。他似乎是一个脾气暴躁的人，有时对于"敌对的"对手会毫不宽容。例如，牛顿后来接替罗伯特·胡克

（1635～1703）出任英国皇家学会的会长一职。两人曾因产生过争执，于是牛顿上任后立即把前会长胡克的肖像画清理干净，一个也不留，导致至今也找不到一张胡克的肖像画。

炼金术士牛顿和神学家牛顿

1669 年，在数学和物理学领域拥有杰出才能的牛顿，在 26 岁时便成为剑桥大学的卢卡斯数学教授。牛顿每周上一节课，但也许因

为内容太过晦涩难懂，课堂出席人数很少，牛顿的执教生涯超过 30年。众所周知，除了数学和物理学，牛顿对炼金术和神学也怀着浓厚的兴趣，且曾专注于研究。所谓炼金术，是指通过化学手段把不同物质转化为金的方法。从后来的手稿中可以得知，牛顿在 1670 年前后专注于炼金术的研究。据说，他特意阅读了古代炼金术的文献，并试图复原古代知识。

同时，牛顿也专注于对《圣经》的研究，分析《圣经》并尝试解读神启。和炼金术的研究一致，

牛顿通过解读《圣经》原著，意在探寻遗失的古代智慧。据说，牛顿所著的神学著作，比物理学、数学、天文学还要多。牛顿认为，物理学和数学是解读神创造世界的言语。

曾担任国会议员和铸币局长官

1687 年，划时代巨著《自然哲学的数学原理》出版，作为天才科学家，牛顿在国际上逐渐受到关注和赞誉。之后，牛顿曾一度神经衰弱，但仍历任国会议员和铸币局长官。牛顿担任国会议员时期的工作并无夺目的政绩，但担任铸币局长官时，他曾成功逮捕并处治假币铸造团伙主谋，堪称努力奉公。之后，牛顿又成为英国皇家学会的会长，作为科学家首次获得骑士的封号，取得了英国科学界领导者的"权力"。

牛顿早年身体状态良好，但晚年不幸患上肾脏疾病，于 1727 年 3 月 20 日离世，享年 84 岁，据说是因膀胱结石恶化而病逝。牛顿创立了微积分（calculus），又因结石（calculus）而逝（注：英文单词相同）。他一生未婚，没有子嗣。英国评价牛顿是国家英雄，并为其举行了国葬。牛顿的灵柩现被安放在威斯敏斯特大教堂。

与牛顿同时代的诗人亚历山大·浦柏，在为牛顿赠与的墓志铭中写道："大自然和他的规律深藏在黑夜里。上帝说，'让牛顿出世吧！'于是一切就都在光明之中。"[2] 🍎

※2：牛顿墓志铭原文：
Nature and Nature's laws lay hid in night: God said, Let Newton be! and all was light.

⊙ 艾萨克·牛顿 生平年谱

1643年	出生
1661年（18岁）	进入剑桥大学学习
1665~1666年（22~23岁）	发现微积分原理、万有引力定律、光的理论（"奇迹之年"）
1669年（26岁）	担任剑桥大学教授
1671年（28岁）	制作反射望远镜
1684年（41岁）	开始执笔《自然哲学的数学原理》
1687年（44岁）	《自然哲学的数学原理》出版
1689年（46岁）	担任国会议员
1693年（50岁）	患神经衰弱症
1699年（56岁）	担任铸币局长官
1703年（60岁）	担任英国皇家学会的会长
1704年（61岁）	《光学》出版，首次刊登微积分相关研究成果
1705年（62岁）	被英国女王授予骑士称号
1727年（84岁）	于伦敦家中去世

牛顿出生至逝世年谱。参考文献：《发展数学的天才家们》（日本青木社出版）、《牛顿所有物体平等存在的革命》（日本大月书店出版）。

牛顿去世后，采模制成的面具（死者面型）。牛顿于1727年3月31日逝世，享年84岁。

2 微积分的发展史

PART 1
微积分诞生的前夜

牛顿于 17 世纪创立了微分·积分的数学方法，但其微积分的理论并非平地起高楼。在数学和自然科学领域留下诸多硕果的牛顿表示，"自己之所以比别人看得更远，是因为站在了巨人的肩膀上"，他的研究发现都是从前辈的成果中得来的。本部分内容将介绍微积分诞生前，那些数学前辈的研究成果。

56　炮弹的轨迹

58　Column 5
　　质疑固有观点，相信观测事实
　　"近代科学之父"伽利略

60　坐标的发明①～②

64　Column 6
　　梦中灵感忽现的笛卡儿
　　微积分的先驱费马

66　计算"变化"的方法

68　切线是什么？

70　切线问题

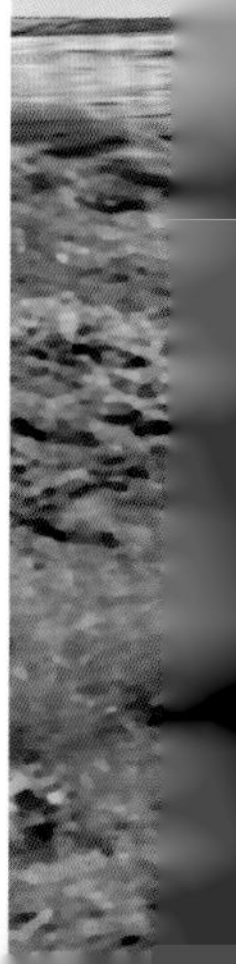

炮弹的轨迹

为了提高大炮的命中率而研究炮弹的轨迹

在本部分，我们介绍微积分诞生前夜导致牛顿建立微积分的时代背景。

同微积分建立有关的最早的一项研究课题是"炮弹的轨迹"，也就是，研究炮弹是以怎样的轨迹飞行的。

在 16～17 世纪的欧洲，为了争夺霸权，各国之间战争频仍。为了提高威力强大的大炮命中率，各国都在积极研究炮弹的飞行轨迹。

炮弹飞行的轨迹是曲线，这是

炮弹的轨迹是抛物线

向斜上方发射的炮弹，如果没有地球重力的影响，将按照"惯性定律"向斜上方笔直飞行（1）。

但是，在地球重力的作用下，炮弹会逐渐向地面（或海面）坠落。这时，"水平方向"的速度不变，如图解上所显示的，炮弹向右行进的速度保持一定。

炮弹在"上下方向"的速度会随时间而改变。起初，在上升阶段，上升速度逐渐减慢，直到变为零。此后转为向下运动，下降速度逐渐加快。伽利略通过实验发现，下降速度与时间成正比增加。于是，炮弹的飞行轨迹是一条"抛物线"（2）。

不过，由于存在空气阻力，炮弹的实际飞行轨迹不会是一条真正的抛物线。

水平方向速度

1秒后　　　　2秒后　　　　3秒后　　　　4秒后
发射后经过的时间

显而易见的。但是，在很长一段时间，并没有人知道如何正确计算炮弹飞行轨迹的形状。

在 16 世纪，意大利科学家伽利略·伽利雷（1564～1642）给出了这个问题的答案。

倾斜着向空中发射的炮弹，**如果没有地球重力的影响，将沿着发射方向笔直行进。**这种现象叫作"惯性定律"。

然而，受到地球重力的作用，炮弹会向地面坠落。伽利略设想，可以把炮弹行进的速度分解为两部分，一部分沿着重力方向（指向下方），另一部分沿着水平方向（指向前方）。他指出，**水平方向的速度不变，只有指向下方的速度随时间而增加。**这种运动的结果：**炮弹的飞行轨迹应该是一条叫作"抛物线"的曲线**（见下面跨页图解）。

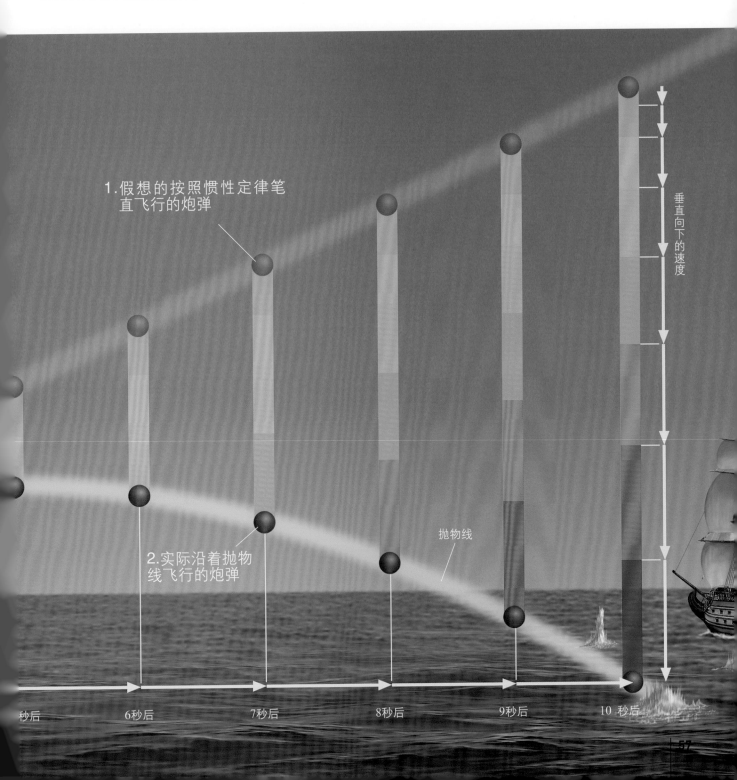

1.假想的按照惯性定律笔直飞行的炮弹

2.实际沿着抛物线飞行的炮弹

抛物线

垂直向下的速度

秒后　　　6秒后　　　7秒后　　　8秒后　　　9秒后　　　10 秒后

质疑固有观点，相信观测事实
"近代科学之父" 伽利略

意大利物理学家、天文学家、哲学家伽利略·伽利雷（1564～1642），于 1564 年 2 月 15 日出生在以斜塔闻名的比萨，是音乐家父亲文森佐·伽利雷的长子。

为了不辜负父亲的期望成为一名医生，伽利略考上比萨大学，但他的兴趣却投向了数学。最终，伽利略没有当医生，而是成为一名大学数学教授。

纠正亚里士多德的理论

在伽利略的时代，谈及物体的运动方式，人们普遍对古希腊哲学家亚里士多德（前 384～前 322）的理论深信不疑。重的物体（如铁球）比轻的物体（如羽毛）下落得快这一理论，乍一看好像是正确的，但实际上是错误的。伽利略纠正了亚里士多德的理论，指出物体下落的速度与质量无关。

在验证自然法则时，伽利略通过反复实验来验证自己的假设（数学模型）。伽利略是采用这种科学方法的先驱。

正确计算炮弹的轨迹

伽利略对在斜面上滚动的球的状态进行精密观测，发现物体的下落距离与下落时间的平方成正比（落体定律）。

此外，伽利略还指出，在考虑斜向抛起的球和发射的炮弹所进行的运动时，如果把运动分为水平方向和垂直方向来考虑，就能正确计算出运动轨迹。斜向抛起的球在水平方向上以一定的速度前进，在垂直方向上则按照落体的规律进行上升、下降运动（右页上图）。伽利略最先把物体的运动分为水平方向和垂直方向。

这样表现出来的运动曲线就是"抛物线"。人们在此之前就知

伽利略·伽利雷
（1564～1642）

尝试把抛物线分为垂直方向和水平方向

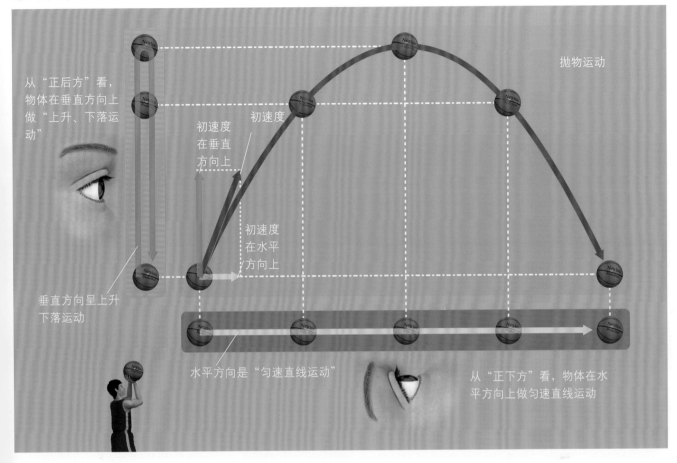

从"正后方"看，物体在垂直方向上做"上升、下落运动"

初速度在垂直方向上

初速度

抛物运动

初速度在水平方向上

垂直方向呈上升下落运动

水平方向是"匀速直线运动"

从"正下方"看，物体在水平方向上做匀速直线运动

道和抛物线一样的曲线（抛物曲线），但认识到这也是扔东西时的轨迹（抛物线），却是在伽利略的发现之后。

月球陨石坑发现木星的卫星

伽利略还发明了前所未闻的望远镜，进行天体观测。他经过观测发现：月球表面凹凸不平的现象（之前，人们一直认为月球表面是完全光滑的），以及木星上存在卫星。这些都是天文学史上的重大发现。由伽利略发现的

4颗木星卫星（木卫一、木卫二、木卫三、木卫三）被称为"伽利略卫星"。

与宗教的持久对立

伽利略以观测事实为依据，支持波兰天文学家哥白尼（1423～1543）提出的"日心说"，否定了以往的"地心说"。但是，伽利略所批判的亚里士多德的理论和"地心说"与基督教《圣经》的教义有着很深的联系，因此伽利略与教会方面产生了对立。

1633年，伽利略以"异端"

的嫌疑被判有罪。伽利略被拘留时要求撤回"日心说"，并发誓接受教会方面的主张。彼时，伽利略已经近70岁了。

此后，伽利略虽然出现了失明等健康问题，但仍然继续开展科研活动，包括发表了研究的集大成之作《论两种新科学》。

1642年，伽利略逝世，享年78岁。尽管他在科学方面取得了丰功伟绩，却没有官方机构为其举行葬礼。教会势力承认过错发生在距离在伽利略逝世350年后的1992年，彼时伽利略的名誉才得以正式恢复。

"坐标"出现，可以用数学式表示炮弹的轨迹

进入 17 世纪，出现了一件建立微积分必不可少的新"工具"，这就是法国数学家莱恩·笛卡儿（1596～1650）和皮埃尔·德·费马（1601～1665）创立的**"坐标"**。

坐标是在平面上利用任何一点到选定的某个原点的"纵向"距离和"横向"距离来表示该点所在位置的一种方法，道理同在地图上利用"纬度"和"经度"表示位置相同。

在数学上，从原点画一条"横轴"，称为"x轴"，再从原点画一条"纵轴"，称为"y轴"，这样，就可以用任何一点的一对坐标值 x 和 y 来表示该点的准确位置。例如，原点的两个坐标 x 和 y 都为 0，因而可以把原点的位置表示为 $(x, y) = (0, 0)$。

使用坐标，可以用 x 和 y 的公式表达一条直线，如 $(x, y) = (0, 0), (1, 1), (2, 2), (3, 3) \cdots$，每个点的坐标都显示 x 和 y 的值相等。这些通过 x 和 y 值相等点的直线可表示为 $y = x$（**1**）。

同样，如果直线通过点 $(x, y) = (0, 0)$，$(1, \frac{1}{3})$ $(2, \frac{2}{3})$，$(3, 1) \cdots$，则用公式 $y = \frac{1}{3}x$ 表示（**2**）。如果没有特殊情况，数学公式一般都用 $y = \cdots\cdots$ 来表示。

不仅是直线，曲线也用 x 和 y 的公式表示。如果曲线通过点 $(x, y) = (0, 0), (1, 1)$ $(2, 4)$，$(3, 9) \cdots$，则用公式 $y = x^2$ 表示（**3**）。同理，如果曲线通过点 $(x, y) = (1, 10), (2, 5)$ $(4, \frac{5}{2})$，$(5, 2) \cdots$，则用公式 $y = \frac{10}{x}$ 表示（**4**）。

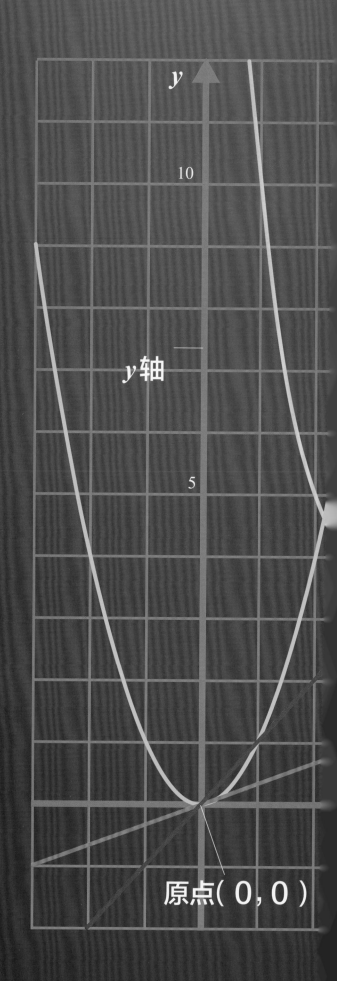

y

10

y轴

5

原点（0，0）

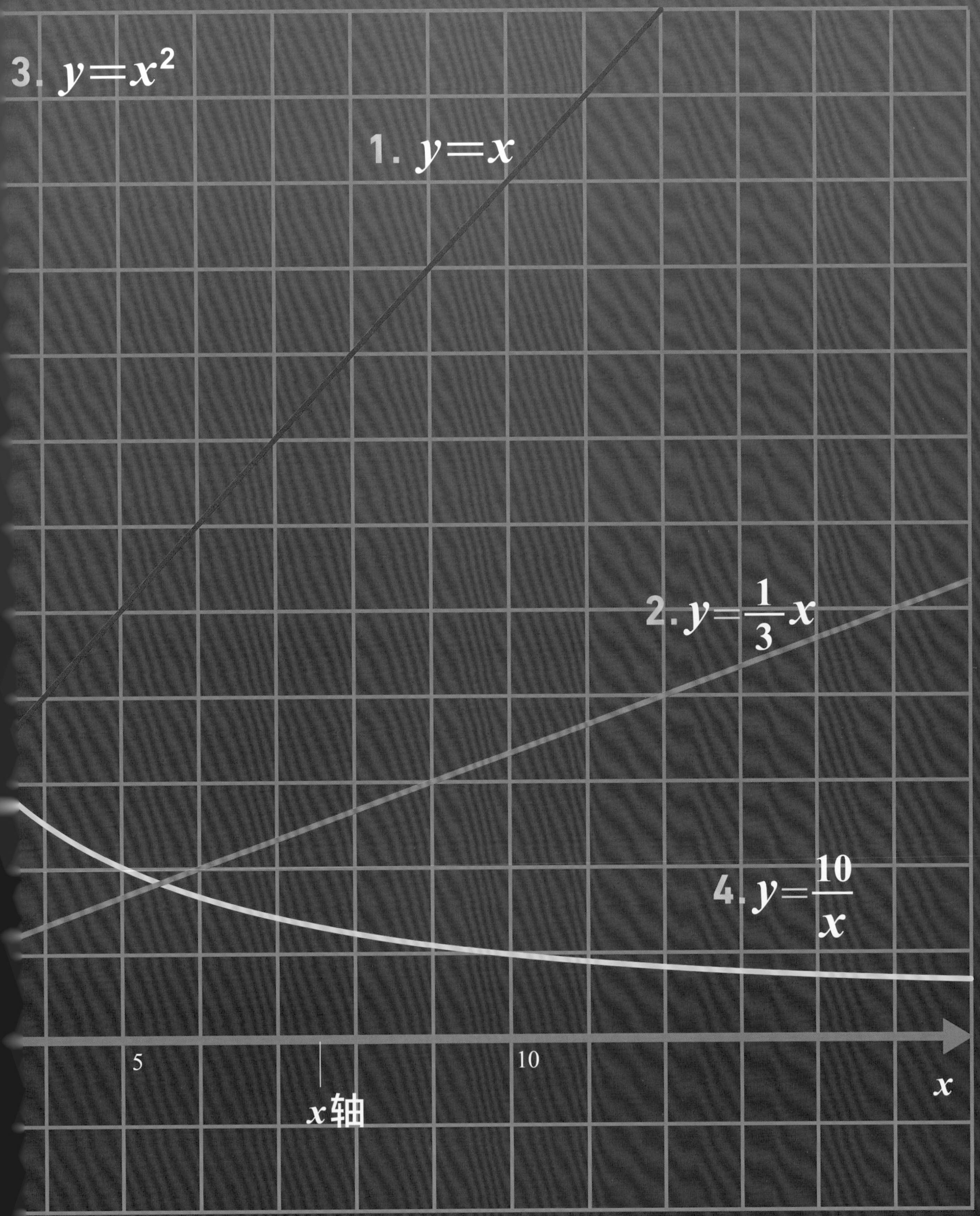

3. $y=x^2$

1. $y=x$

2. $y=\dfrac{1}{3}x$

4. $y=\dfrac{10}{x}$

5

10

x轴

x

坐标出现，
可以用数学式表示炮弹的轨迹

如果以炮弹的发射点作为原点，x 轴为距发射点的水平方向的距离，y 轴为高度，则发射炮弹的抛物线轨迹可以用 x 和 y 的公式来表示。

观测发射炮弹的距离和高度，

利用坐标把炮弹的轨迹表示为数学式

选择发射点作为原点，设 x 为水平方向到发射点的距离，y 为高度。水平距离和高度的单位都是米。观测发射后飞行的炮弹，知道它相继通过 $(x, y) = (0, 0)$，$(20, 19)$，$(40, 36)$，$(60, 51)$，$(80, 64)$…各点（右侧图解）。

炮弹飞行的轨迹是一条"抛物线"。抛物线的一般数学表达式是"$y = ax^2 + bx + c$"（式中 a，b 和 c 是不变的常数）。

把上面给出的坐标值代入这个抛物线一般表达式，计算得到 $a = -\dfrac{1}{400}$，$b = 1$ 和 $c = 0$，于是得到表示炮弹飞行轨迹的数学表达式为"$y = -\dfrac{1}{400}x^2 + x$"。

前面曾经提到，如果没有地球重力的影响，按照惯性定律，炮弹应该向着发射方向笔直飞行。在这个例子中，那条假想的惯性飞行轨迹可以用"$y = x$"表示（**2**）。

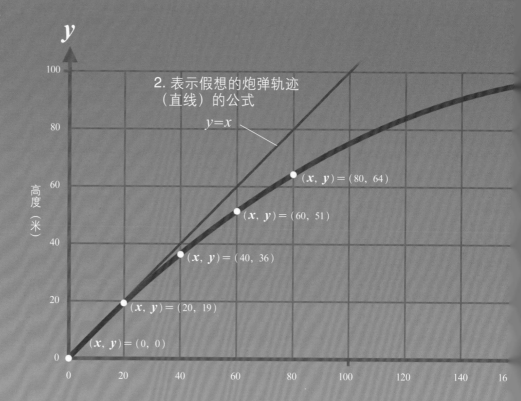

2. 表示假想的炮弹轨迹（直线）的公式

$y = x$

$(x, y) = (80, 64)$

$(x, y) = (60, 51)$

$(x, y) = (40, 36)$

$(x, y) = (20, 19)$

$(x, y) = (0, 0)$

高度（米）

假想的按照惯性定律笔直飞行的炮弹的轨迹

假设距离发射点 20 米远的炮弹高度为 19 米，这时炮弹点可以用坐标表示，即 $(x, y) = (20, 19)$。同样，观测之后炮弹的轨迹，发现坐标是 $(x, y) = (40, 36)$，$(60, 51)$，$(80, 64)$ …。

在表示抛物线的一般公式中，放入炮弹通过地点的坐标信息（称为代入）计算的话，可以用公式表示这个炮弹的轨道延伸的抛物线（**1**）。

这就是说，有了坐标，我们就

可以把现实世界中发生的某些现象用数学公式来表示。**坐标的引入将需要处理的现实世界中的现象变成了数学问题。**

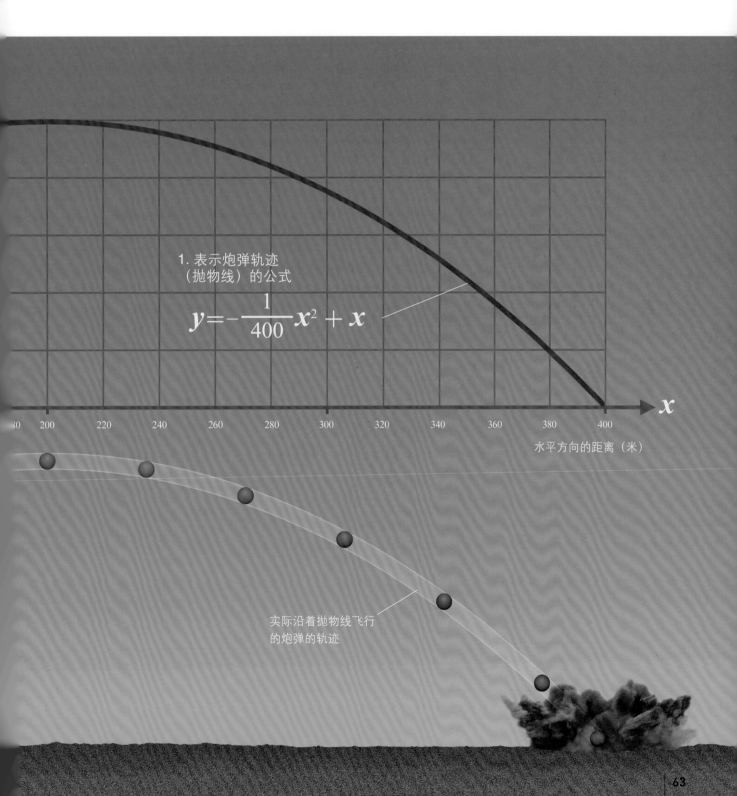

1. 表示炮弹轨迹（抛物线）的公式

$$y = -\frac{1}{400}x^2 + x$$

水平方向的距离（米）

实际沿着抛物线飞行的炮弹的轨迹

梦中灵感忽现的笛卡儿
微积分的先驱费马

法国哲学家、数学家勒内·笛卡儿，于1596年出生在一个富裕的贵族家庭。笛卡儿出生后，他的母亲就去世了，由祖母和舅母抚养其长大。据说，笛卡儿在幼时体弱多病。

1606年，10岁左右的笛卡儿来到拉弗莱什的耶稣会学院学习逻辑学和数学。

18岁从耶稣会学院毕业后，笛卡儿在家乡附近的普瓦捷大学学习了两年的法律和医学。之后的1616年（20岁）到1619年，他先后去了巴厘岛，经过荷兰又前往德国。

在荷兰和德国，笛卡儿作为志愿兵加入军队，通过军人的训练投身于现实世界，并尝试积累各种各样的经验。

笛卡儿在1619年加入德军阵营。某天晚上，笛卡儿做了一个梦，在梦中他找到了科学的基础。这就是代数在几何学中的应用——解析几何学。

通过使用坐标，可以把公式作为图形来表示，也可以把图形作为公式来表示。于是，图形的问题使用数学公式，或其相反也成为可能，这就是笛卡儿提出的解析几何学。

我思故我在

笛卡儿从1620年（24岁）开始，其后的几年间一直游历各地。从1628年（32岁）开始的约20年间，他定居在荷兰，并把自己的思考整理成文字稿。

1632年，伽利略因为宣扬"日心说"而被审判拘留。笛卡儿赞成"日心说"，原本打算出版支持"日心说"的著作，但因该事件受到很大的打击。

在朋友的劝说下，不愿公开出版著作的笛卡儿，终于在1637年出版了如今享誉世界的著作《方法论》。该书序言部分以自传体的形式讲述笛卡儿哲学立场的形成，同时还包括"折射光、气象学、几何学"在内的三段试论。

勒内·笛卡儿
(1596～1650)

笛卡儿在这本书中，解释了几何的原理、光的折射规律及彩虹理论等。并且，"我思故我在"这一著名论断也在该书中出现。

1650 年，被邀请到瑞典的笛卡儿在途中不幸染上风寒而病逝他乡，享年 54 岁。

法国律师、业余数学家

与笛卡儿一起被称为解析几何学创始人的是皮埃尔·德·费马，于 1601 年出生在法国南部图卢兹附近的一个富裕家庭。费马的父亲是当地第二执政官，从事皮革生意。大学毕业后，费马在图卢兹从事律师工作。在从事法律工作的同时，他还热衷于对数学的研究。当时的他没有公开研究成果，只是与其他数学家通信，并传达自己的想法。

费马在 20 多岁时，开始思考坐标，并独立于笛卡儿建立了把图形和数学公式联系到一起的解析几何学。另外，他与笛卡儿书信往来，并对彼此的数学方法进行了激烈的批评。

此外，费马在微积分学创始人牛顿和莱布尼茨之前，提前阐明了微积分法的几个要点。但是，

皮埃尔·德·费马
（1601～1665）

因学术成就并不能达到创立"微积分基本定理"的程度（详见第 98～99 页），因此他也不能被称为微积分的"创始人"。

概率论和"费马大定理"

费马是"概率论"的创始人。通过与法国数学家布莱士·帕斯卡（1623～1662）就"赌本分配"问题进行多次书信往来，并创立了概率论基础。

另外，费马还创立了多项被称为"费马大定理"的数学定理，包括以下内容。

"当 $n=3$ 以上的整数时，不存在满足 $x^n+y^n=z^n$ 的自然数 (x, y, z)"。

这一定理也被称为"费马最终定理"。费马是否真的懂得证明方法不得而知，他只留下"空白处太小，无法证明"的笔记，此外并未留存具体证明方式。

费马于 1665 年逝世，享年 64 岁。费马去世 5 年后，他的儿子公布了最终定理。很多人都想证明该定理，但在很长一段时间内都找不到证明方法抑或是反例。

最终于在 1994 年，英国数学家安德鲁·怀尔斯完成了猜想证明。彼时，距离费马去世已过去 300 多年。🍎

如何正确预测炮弹时时刻刻都在改变的行进方向

有了表示炮弹飞行轨迹的数学公式，于是，无须实际发射炮弹，也无须进行观测，就有可能通过计算而预知发射的炮弹会落在前方多少米的地点。

那么，是否也能够回答如下问题呢？

"发射出去的炮弹的行进方向如何随时间而变化？"

如下面图解所示，向斜上方发射出去的炮弹，它的行进方向会逐渐变得向下方倾斜※。在炮弹离开炮口的一瞬间和过 1 秒钟后，炮弹在这两个时刻的行进方向是不同的。即使经过 0.0001 秒，其行进方向也有变化。

这就是说，**飞行的炮弹的行进方向时时刻刻都在变化，在任何一**

炮弹的行进方向在不断变化

向斜上方发射出去的炮弹的行进方向在重力的作用下逐渐向下方倾斜。

即使有了前两页给出的表示炮弹飞行轨迹的那个数学公式" $y = -\frac{1}{400}x^2 + x$ "，也仍然无法用这个公式直接求出如在水平方向到原点距离为300米位置的炮弹的"行进方向"。

炮弹的行进方向在不断地变化，在 17 世纪时，还没有能够计算这种变化的数学方法。

个时刻都不相同。

由前两页给出的表示炮弹轨迹的数学公式可以看出，炮弹飞行的水平距离（x）与其飞行的高度（y）之间存在着一定的关系。但是，**从这个公式却无法看出炮弹的行进方向在其飞行过程中一直在不断地变化。**即使在这个轨迹公式中代入炮弹在各个时刻的位置坐标数值，也无法求出它在各个不同位置的行进方向。

那么，怎样才能够计算出炮弹不断变化的行进方向呢？当时的许多学者都在想办法解决这个问题。显然，**解决这个问题需要有能够计算变化的"新数学"。**这种新数学就是后来诞生的"微积分"。

如后文即将介绍的，掌握这种新数学的关键在于了解**"切线"**。

※ 如第56~57页的介绍，受到重力的作用，炮弹在上下方向向下运动的速度会随时间而增加。伽利略知道向下运动的速度如何随时间增加，却不知道如何计算"瞬时速度"，而求行进方向必须要知道瞬时速度。使用后来出现的微积分便可以计算炮弹在各个时刻的瞬时速度。

炮弹在时刻A的行进方向

A

引"切线"可以知道连续变化的行进方向

那么，怎样才能够求得炮弹行进方向的变化呢？

这里的关键是**"切线"**。简单说来，切线是仅与圆或抛物线一类曲线上的某一点相接触的一条直线（如下图中的那条红色直线）。※

通过曲线上任何一点只能够引一条切线。这是因为，在画切线时，画出的直线的位置和倾斜度只要对真正的切线有稍许偏离，该直线都会与曲线的另一点相交，也就是说，它必然会通过曲线上的两点。

※ 要严格定义什么是切线，就需要考虑"极限"。关于使用极限思考方法做切线的方法将在第75页下方的专栏和第1章第22页中介绍。

什么是切线？

使一条直线逐渐向一个圆靠近，这条直线最后会刚好在圆上的一点与之接触。这一点叫作"切点"，而这条与圆在一点接触的直线就是"切线"。

如果不是只在一点接触，而是在两点接触，这样的直线就不是圆的切线。因此，通过一个切点只能够引一条直线。下图中的红色直线，表明通过圆上的一个切点只能画出一条切线。改变切点的位置可以画出圆的无数条切线。

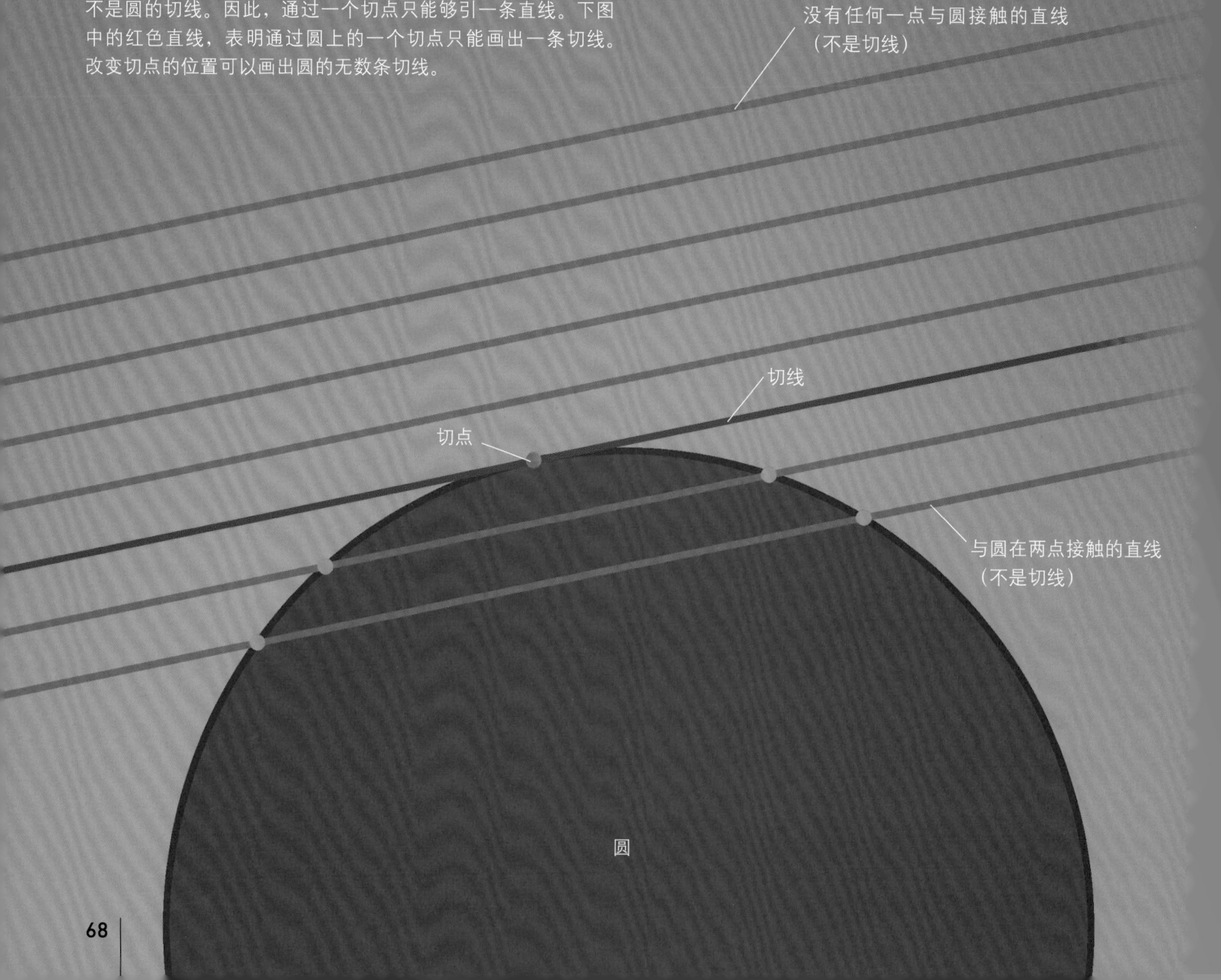

没有任何一点与圆接触的直线（不是切线）

切线

切点

与圆在两点接触的直线（不是切线）

圆

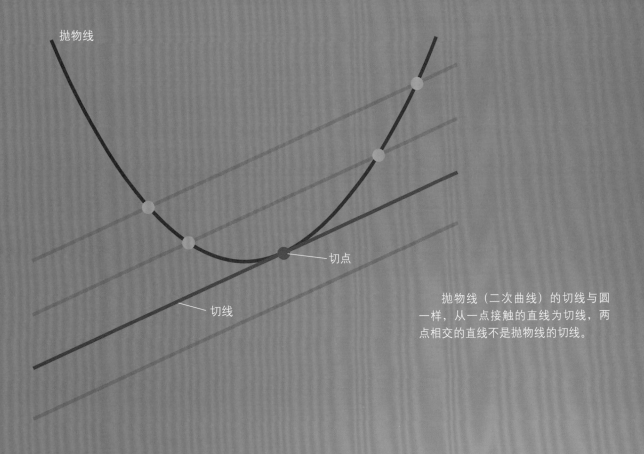

抛物线

切点

切线

抛物线（二次曲线）的切线与圆
一样，从一点接触的直线为切线，两
点相交的直线不是抛物线的切线。

在立方曲线中，切线有两点以上与曲线相交

　　右下表示的是立方曲线（三次函数），切线与曲线有两
点相交。但是，这个切线只是对接点（点 A）的切线，不是
另一个交点（点 B）的切线。曲线上某个接点只有一条切线
的性质在立方曲线中也是成立的。
　　这里没有画出来，某条直线的切线和原来的直线完全
一样。

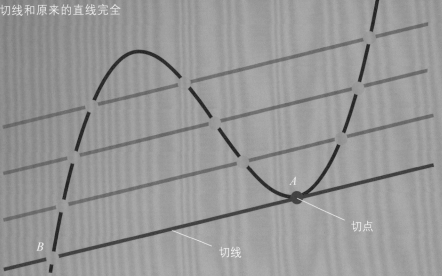

立方曲线

A

切点

B

切线

切线表示瞬时运动方向

为什么说把握炮弹运动方向的关键在于切线？因为绘制物体运动轨迹的切线表示着物体的瞬时运动方向。

例如，掷铅球运动时，人们以身体为中心，环绕一周后奋力向远抛出。进行圆周运动的铅球，在每一个瞬间都向着圆的切线方向向前运动（1）。当停止牵引松开绳索时，铅球就会向圆的切线方向飞出。

切线表示瞬间的运动方向，以

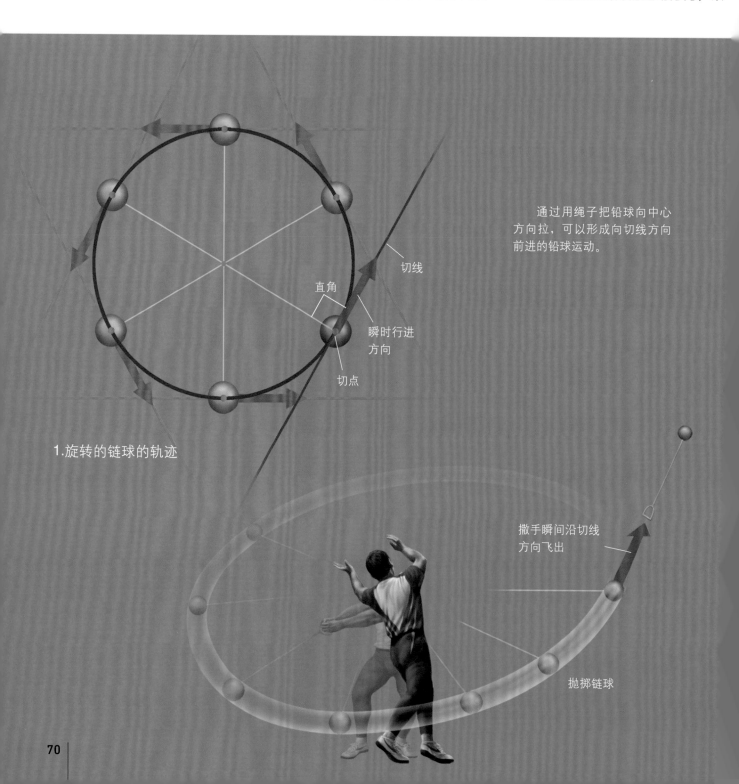

直角

切线

瞬时行进方向

切点

1.旋转的链球的轨迹

通过用绳子把铅球向中心方向拉，可以形成向切线方向前进的铅球运动。

撒手瞬间沿切线方向飞出

抛掷链球

抛物线为轨迹的运动也如此。以铅球等抛物线为轨迹飞行的物体，在每一个瞬间都朝着抛物线的切线方向前行运动（2）[1]。

这就是说，只要能够确定各个时刻的切线，就可以知道炮弹行进方向的变化。如何为曲线引切线的问题叫作"切线难题"。笛卡儿和费马等学者当时都研究过这个切线难题[2]。

但是，当时还没有一种可以为任何一种曲线引切线的"通用方法"。这个切线难题的真正解决是在发明了新数学"微积分"之后。🍎

※1：曲线的切线和运动物体的行进方向一致，这一点是由17世纪的法国数学家G．P．罗伯佛尔（1602～1675）首先指出的。

※2：笛卡儿和费马可能并不是为了解决炮弹的轨迹问题而研究切线难题。许多学者其实是把切线难题当作一个数学课题来进行研究的。

2.抛掷铅球的轨迹

切线

瞬时行进方向

切点

在抛物线运动中，由于重力作用，行进方向逐渐朝下。

投掷铅球

切线显示瞬时行进方向

作圆周运动的铅球在任一时刻都是在沿圆周的切线方向行进。圆周的切线垂直于通过切点和圆心的直线（**1**）。

在运动员撒手的一瞬间，铅球沿该瞬间的切线方向飞出（**2**）。

大炮发射的炮弹或运动员投掷的铅球，在任何时刻都是沿着抛物线的切线方向行进。

2 微积分的发展史

PART 2
牛顿的
微分法

如何找出曲线的切线？一直让学者备受困扰的切线问题，终于由牛顿作出解答。为了解决切线问题，需要引入由牛顿导入的概念 o——无限接近于零的瞬间。本部分将会介绍牛顿在解决切线问题时的思考方法，以及微分法的创立过程。

74　引切线的方法

76　曲线上的动点

78　瞬时行进方向

80　微分法的诞生

82　微分产生新函数

引"切线"就是求"斜率"

从这部分开始，我们来介绍牛顿解决切线难题的思路，也就是追溯"微积分"是如何诞生的。

得到圆的切线是比较简单的。相对于连接切点和圆心的直线画一条垂直线，那就是圆的切线。但像下面图解给出的这种抛物线，曲线上不同地点的"弯曲程度"不同，对于这样的曲线，就没有如此简单地画切线的方法。在这种情况下，**所谓"引切线"，是"用数学公式来表示切线"**。虽然有办法用铅笔在纸上画出抛物线的切线，但用严格的数学公式来表示抛物线的切线却不是一件容易的事情。

如下图所示，我们来考虑如何画出通过抛物线点 A 的切线。通过

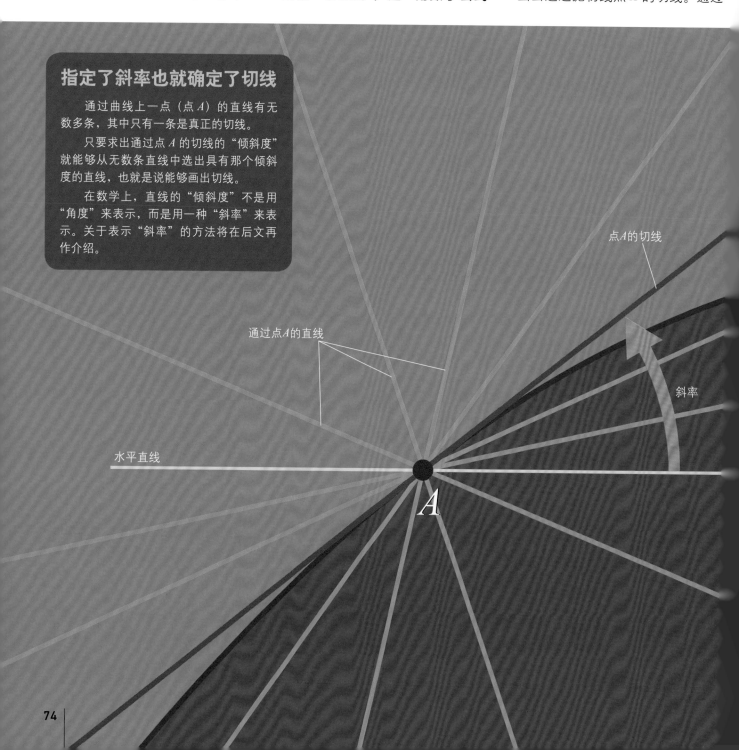

指定了斜率也就确定了切线

通过曲线上一点（点 A）的直线有无数多条，其中只有一条是真正的切线。

只要求出通过点 A 的切线的"倾斜度"就能够从无数条直线中选出具有那个倾斜度的直线，也就是说能够画出切线。

在数学上，直线的"倾斜度"不是用"角度"来表示，而是用一种"斜率"来表示。关于表示"斜率"的方法将在后文再作介绍。

点A的切线

通过点A的直线

斜率

水平直线

A

点 A 的直线可以有无数多条。由于一个切点只有一条切线，所以，在通过点 A 的无数多条直线中只有一条才是通过点 A 的切线。

那么，怎样才能够画出真正的切线呢？

为此，**只需要知道切线应该具有的"倾斜度"**。"倾斜度"，严格的说法是"斜率"，是表示一条直线相对于水平直线的倾斜程度的一个数值。通过计算求出通过点 A 的切线所具有的"斜率"就等于知道了哪一条直线是切线，换句话说，就能够画出切线。

如在前两页所提到的，在 17 世纪，**当时还没有一种能够计算曲线的切线斜率的通用方法**※。牛顿找到了一种计算切线斜率的方法，终于解决了长期困扰人们的这一切线难题。

※ 以笛卡儿和费马为代表的许多学者曾经针对抛物线等几种曲线想出过几种计算切线斜率的方法，但是，他们都未能找到一种适用于任何一种曲线的求切线斜率的普遍方法。这其中，费马找到的一种方法普遍性最好，牛顿曾经参考过费马的方法。

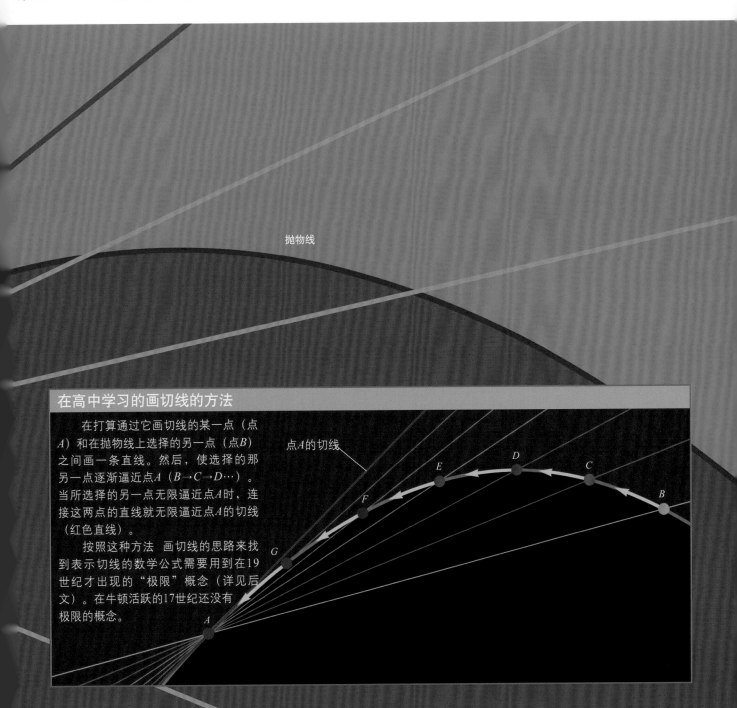

抛物线

点 A 的切线

在高中学习的画切线的方法

在打算通过它画切线的某一点（点 A）和在抛物线上选择的另一点（点 B）之间画一条直线。然后，使选择的那另一点逐渐逼近点 A（$B \rightarrow C \rightarrow D \cdots$）。当所选择的另一点无限逼近点 A 时，连接这两点的直线就无限逼近点 A 的切线（红色直线）。

按照这种方法 画切线的思路来找到表示切线的数学公式需要用到在 19 世纪才出现的"极限"概念（详见后文）。在牛顿活跃的 17 世纪还没有极限的概念。

小点"移动"形成曲线

牛顿的思考

牛顿认为,"曲线和直线,可以看作是一个很小的点随时间移动而留下的轨迹"。

他通过计算动点的瞬时行进方向来求切线的斜率。

1664 年,当时已经是英国剑桥大学三年级学生的牛顿开始阅读笛卡儿等大师的著作,学习当时最尖端的数学。不到一年,他便掌握了那些知识,自己开始独立进行数学方法的研究。

牛顿也研究了使当时的学者感到困惑的那个"切线难题"。他进行如下思考来寻求引切线的方法。

"可以把在纸上画出的曲线和直线看作是一个很小的点随时间移动而留下的轨迹"。

把曲线看成是点的移动形成的,那么,曲线上的任何一点都会有一个"瞬时行进方向"。另外,如前文已经介绍过的,在运动物体轨迹上通过一点所引的切线就显示了对应时刻动点的瞬时行进方向。牛顿的做法与此相反,他是**通过计算动点的行进方向来求得切线的斜率。**

按照这条思路,牛顿找到了一种独特的计算方法。

在曲线上随时间移动的点

x

计算在真正一瞬间动点的移动方向

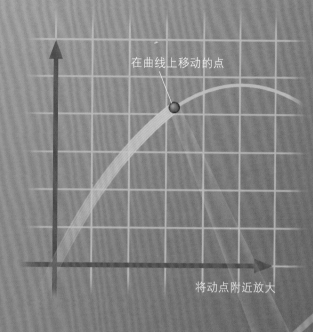

在曲线上移动的点

将动点附近放大

牛顿选择一个希腊字母 "*o*"（**读作"奥密克戎"**）来表示真正一瞬间所经过的时间，以此来求在曲线上移动的一个点在这一瞬间的瞬时行进方向，即计算切线的斜率。

牛顿用这个符号 "*o*" 代表的时间虽然无限逼近零，却不是真正的零。也就是说，"*o*" 是一段无限小的"瞬间时间"，不可能说它具体代表了 1 秒的多少。

假定在曲线上移动的一点在某个时刻位于"点 *A*"。紧接着，**经过 "*o*" 的瞬间时间**，它从"点 *A*"移动一段极短的距离来到"点 *A'*"。经过这段极短时间，**设这个动点在 *x* 轴方向移动的距离为 "*op*"，在 *y* 轴方向移动的距离为 "*oq*"**（见右页图解）。

牛顿为什么要使用不能确切知道究竟代表了什么数值的符号 "*o*""*p*" 和 "*q*" 呢？

在数学上，直线的"斜率"被定义为"直线上的动点向上移动的距离相对于该动点在水平方向移动的距离"，换句话说，是动点向上移动距离对水平移动距离的比率。例如，如果动点在 *x* 轴方向移动了"3"，在 *y* 轴方向向上移动了"2"，则这条直线的斜率就是 "$\frac{2}{3}$"。

在右页图解中，经过 "*o*" 的瞬间时间，动点在 *x* 轴方向行进了 "*op*"，在 *y* 轴方向行进了 "*oq*"。按照斜率的定义，动点在这一瞬间移动所形成的**直线 *A* − *A'* 的斜率就是 $\frac{oq}{op}$，即等于 $\frac{q}{p}$。这条直线 *A* − *A'* 就是动点在点 *A* 处的行进方向，也就是说，它是通过点 *A* 的切线**。

而且，**从接下来的介绍我们就会知道，虽然不知道 "*o*""*p*" 和 "*q*" 各自代表什么数值，然而却有办法求出 $\frac{q}{p}$ 的值**。这就是牛顿发现的求切线斜率的方法。在接下来的内容中，我们就来介绍具体的计算方法。

真正一瞬间的行进方向

在曲线上移动的一点在某一时刻位于由坐标（*a*，*b*）表示的点 *A* 位置。牛顿把此动点在 *x* 轴方向的行进速度表示为 "*p*"，在 *y* 轴方向行进的速度表示为 "*q*"。

经过瞬间时间 "*o*"，动点从点 *A* 移动到了点 *A'*。动点虽然是在曲线上移动，但移动的距离极短，牛顿认为可以把动点移动的轨迹 *A*−*A'* 看作直线。

动点行进的距离等于时间×速度。因此，经过瞬间时间 "*o*"，动点在 *x* 轴方向的行进距离等于 *o*（时间）×*p*（速度）＝*op*；在 *y* 轴方向的行进距离等于 *oq*。于是，点 *A'* 的坐标为（*a*+*op*，*b*+*oq*）。

牛顿认为直线 *A*−*A'*（红色箭矢）在点 *A* 的行进方向就是曲线在该点的切线。直线 *A*−*A'* 的斜率为 $\frac{oq}{op}$（ ＝ $\frac{q}{p}$），因此点 *A* 的切线也是 $\frac{q}{p}$。

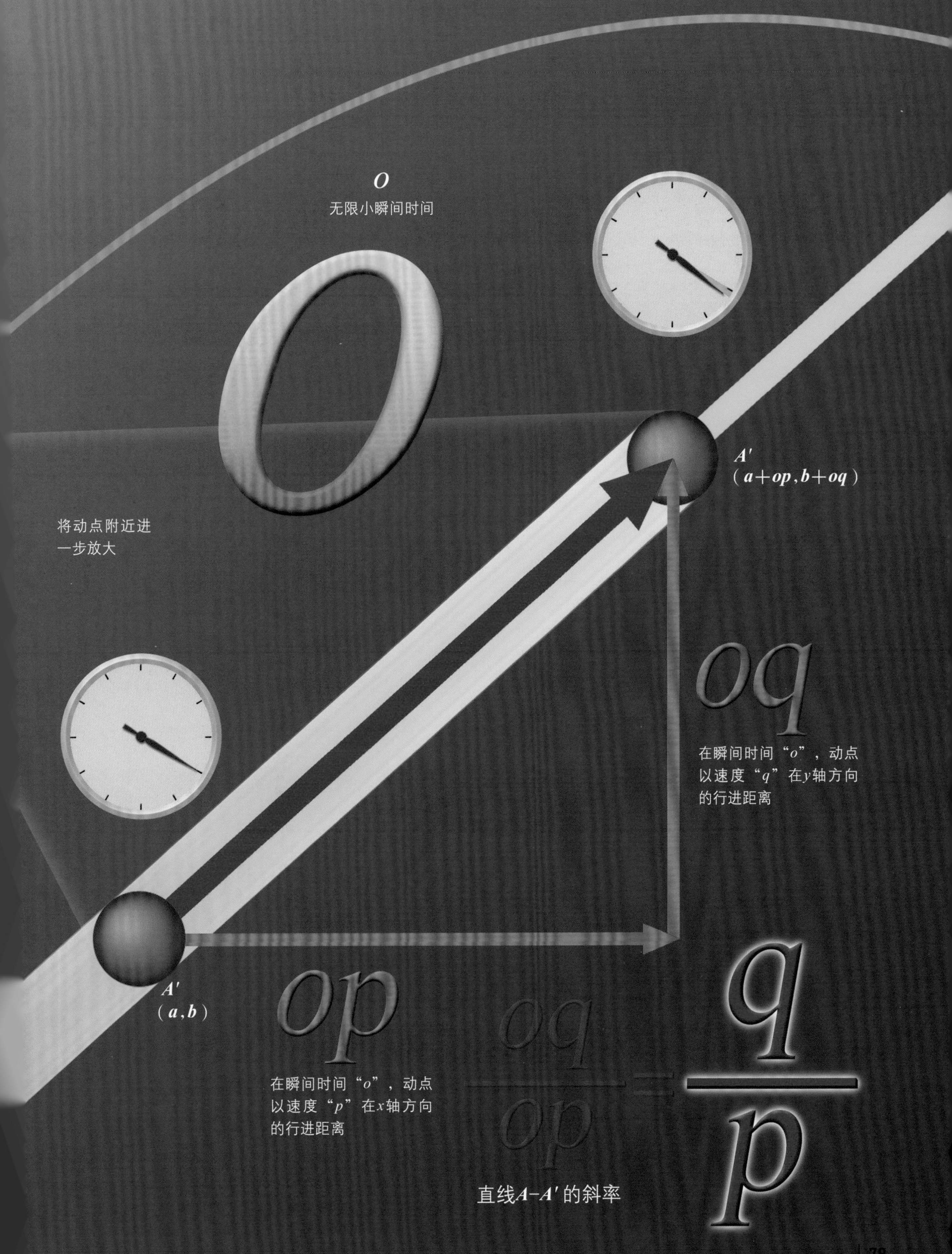

O

无限小瞬间时间

将动点附近进
一步放大

A'
$(a+op, b+oq)$

oq

在瞬间时间"o"，动点
以速度"q"在y轴方向
的行进距离

A'
(a, b)

op

在瞬间时间"o"，动点
以速度"p"在x轴方向
的行进距离

$$\frac{oq}{op} = \frac{q}{p}$$

直线A-A'的斜率

用牛顿的微分法求切线的斜率

这里，我们按照牛顿求切线斜率的方法来做实际计算。例如，计算右侧图解中用公式 "$y = x^2$" 表示的曲线上通过点（3，9）的切线的斜率。

按照牛顿的思路，我们从动点已经来到点 A（3，9）的那一时刻开始，并把动点在瞬间时间 "o" 在 x 轴方向和 y 轴方向移动的距离分别记作 "op" 和 "oq"（右页图解中的第 1 步）。

经过 "o" 瞬间时间，动点移动到了点 A'（3+op，9+oq），现在把 A' 的坐标值代入曲线公式 "$y = x^2$"（右页图解中第 2 步）。

只要求出动点移动所形成的 "直线 $A-A'$" 的斜率就等于得到了通过点 A 的切线的斜率（右页图解中第 3 步）。使用牛顿发明的计算方法不难实际求得通过点 A 的切线的斜率[※1]。

牛顿把他发明的这种计算切线斜率的方法称为 "**流数术**"。这是因为牛顿本人当时是把曲线上动点的速度叫作 "流数"（fluxio）[※2]。

这样，牛顿使用流数术终于成功地解决了这个 "切线难题"。**这种流数术就是现在所说的 "微分法"。微分法是用来计算切线斜率的一种方法。**

据说，牛顿在 1665 年就产生了这种流数术的基本思想。那时牛顿才 22 岁，真正从事数学研究才不过一年。

※1：这里介绍的利用瞬间时间 "o" 的这种计算方法是牛顿为了说明求切线斜率的计算思路而特意设计的，是他有意通过简化来避免必要的证明。实际上，求切线的斜率需要先求出相当于现在叫作 "导数" 的一个函数。

※2：所谓 "流数"，具体说来就是指前两页和在这里两页所出现的 "p"（动点在 x 轴方向的移动速度）和 "q"（动点在 y 轴方向的移动速度）。

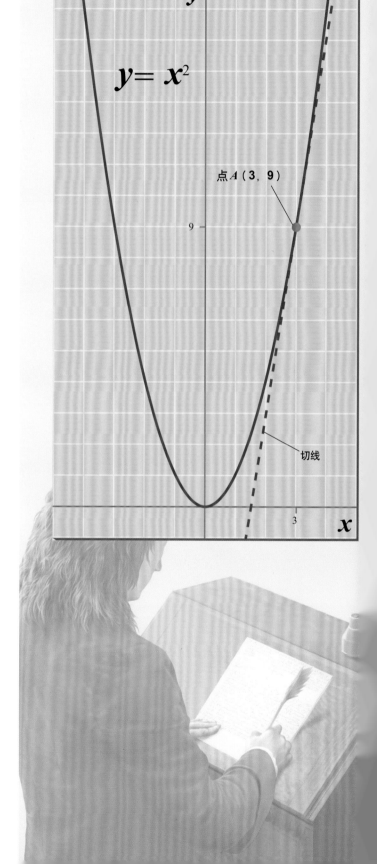

【问题】
求曲线 "$y = x^2$" 上点 A（3，9）的斜率?

y

$y = x^2$

点 A（3，9）

9

切线

3

x

点A（3，9）附近的放大图

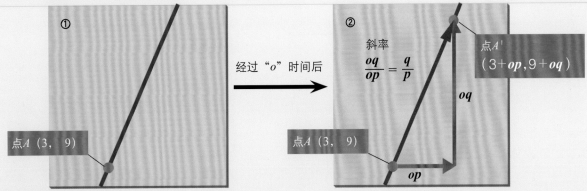

经过"o"时间后

斜率
$$\frac{oq}{op}=\frac{q}{p}$$

点A'
（$3+op,9+oq$）

点A（3，9）

点A（3，9）

oq

op

牛顿考虑曲线上一个小点的移动（动点）。

动点从它来到点A（3，9）位置的那一时刻（①）开始，经过"o"时间后移动到点A'（$3+op$，$9+oq$）（②）。

动点沿着曲线移动，它的移动轨迹"$A-A'$"也是曲线。但是"o"是一段无限小的极短时间，因而移动距离也无限短，牛顿认为可以把它看作直线。所以，这段"直线$A-A'$"显示的就是动点在点A位置的行进方向，也就是点A的切线。

第 2 步　**把点 A' 的坐标代入表示曲线的公式**

点 A' 的 x 坐标为$3+op$，y 坐标为$9+oq$。

点 A' 是曲线"$y=x^2$"上的一点，因而可以把$y=9+oq$ 和 $x=3+op$ 代入$y=x^2$。

$$y=x^2$$

$$(9+oq)=(3+op)^2$$

【公式】
$$(a+b)^2=a^2+2ab+b^2$$

经过计算，有

$$\cancel{9}+oq=\cancel{9}+6op+o^2p^2$$

等式两端除以"o"，于是得到

$$q=\quad 6p+op^2$$

第 3 步　**计算切线的斜率**

求切线的斜率也就是求直线$A-A'$的斜率$\dfrac{q}{p}$。

但不知道"p"和"q"各是什么数值。

为此，可以把第2步中得到的公式改写成左端为"$\dfrac{q}{p}$"的形式，直接求$\dfrac{q}{p}$。

把第2步中得到的公式两端除以"p"，得到 $\dfrac{q}{p}=6+op$

由于"o"为无限小，牛顿认为等式右端的"op"可以忽略不计，于是得到答案：

【答】点A的切线斜率为 $\dfrac{q}{p}=6$

为任何一种曲线引切线的
有力工具——"微分"

如前两页的介绍，使用微分法可以求得曲线"$y=x^2$"的通过点（3，9）的切线斜率。用同样的方法还可以计算出通过其他任何一点的切线斜率。不过，如果要知道曲线上每一点的切线斜率的话，对每一点都进行前两页介绍的计算，计算量会大得惊人。

其实，曲线"$y=x^2$"上任何一点的坐标都可以表示为（x，x^2）。这里，我们就来介绍使用前两页介绍的计算方法如何利用这个普遍坐标（x，x^2）来求出任何一点的斜率。

利用（x，x^2）进行计算，方法与前面相同，所不同的只是把数字换成符号。这里略去计算的过程，只给出结果：**通过点（x，x^2）的切线斜率等于"$2x$"。**

这个用符号表示的斜率是什么意思呢？例如，若$x=3$，点（x，x^2）

对 x^n 函数进行微分……

这里图解的上图表示的是形式为"$y=x^n$"（$n=1$，2，3，4）的几个函数，下图表示的是分别对这些函数进行微分得到的"导数"。对应的上下两图中的x轴相同，但下图中的y轴表示的是上图中直线或曲线的切线的斜率值。

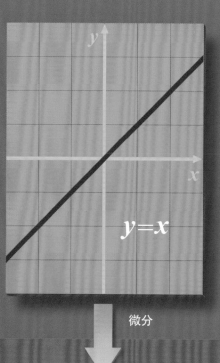

$y=x$

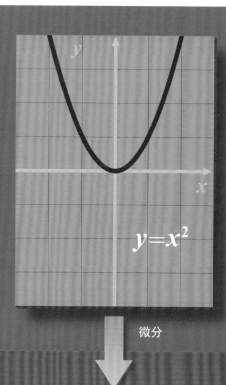

$y=x^2$

微分

对上图中函数进行微分得到的"导数"（表示上图中直线或曲线的斜率的一个函数）的图线。

y为上面图线的切线的斜率

"$y=x$"的导数
$y=1$

y为上面图线的切线的斜率

"$y=x^2$"的导数
$y=2x$

就是点 (3，9)，这一点的切线斜率便等于 $2x=2×3=6$。也就是说，知道了点 (x, x^2) 的切线斜率等于"$2x$"，利用这个结果，**无须进行前两页的那种计算，马上就可以求得点 (x, x^2) 的切线的斜率**。"$2x$"是曲线"$y=x^2$"的切线斜率的"普遍表达式"。

在数学上，像"$y=x^2$"这样的表示 x 和 y 之间关系的数学式被称为**函数**。这里使用微分法从数学式"$y=x^2$"得到了"$2x$"，换句话说，**从原来的函数得到了一个表示切线斜率的新函数**。

利用微分法从原来的函数得到的这个新函数叫作**导数**。求导数则叫作**对函数进行微分**。

牛顿的微分法不仅可以应用于抛物线（二次函数），也可以应用于包含有"x^3"（三次函数）或"x^4"（四次函数）的其他函数。在下面跨页图解中给出了几个包含有"x 的 n 次方"的函数及其导数的例子。比较原来的函数和导数，

可以看出两者之间存在着某种对应"规则"。

原来，对形式为"$y=x^n$"的函数进行微分，得到的是形式为"$y=nx^{n-1}$"的导数。这是最重要的基本微分公式之一（见下图右侧"微分的重要公式"）。

导数是分析原来的函数"如何变化"的非常有用的工具。 ●

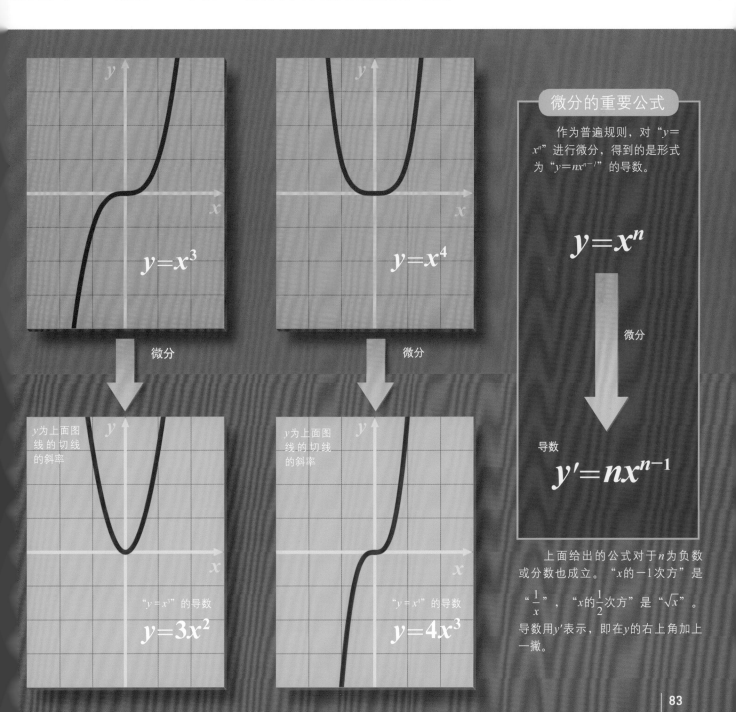

$y=x^3$

$y=x^4$

微分

微分

y 为上面图线的切线的斜率

y 为上面图线的切线的斜率

"$y=x^3$"的导数

$y=3x^2$

"$y=x^4$"的导数

$y=4x^3$

微分的重要公式

作为普遍规则，对"$y=x^n$"进行微分，得到的是形式为"$y=nx^{n-1}$"的导数。

$$y=x^n$$

微分

导数

$$y'=nx^{n-1}$$

上面给出的公式对于 n 为负数或分数也成立。"x 的 -1 次方"是"$\frac{1}{x}$"，"x 的 $\frac{1}{2}$ 次方"是"$\sqrt{x}$"。

导数用 y' 表示，即在 y 的右上角加上一撇。

PART 3
微分和积分的统一

创立了微分法的牛顿也对积分法展开研究。微分法是探求曲线切线斜率的方法，与此相对，积分法是求解被曲线所围面积的方法。本部分将会探究发源于古希腊的积分法和牛顿创立的微分法，并对经过牛顿统一后形成的"微积分"进行介绍。

86　阿基米德求积法

88　开普勒求积法

90　卡瓦列里原理

92　Column 7
　　推动积分发展的伽利略的学生们

94　Column 8
　　尝试使用"卡瓦列里原理"

96　Column 9
　　托里拆利小号

98　微分和积分的统一

100　微积分的威力

102　Column 10
　　牛顿最坚定的理解者、支持者——哈雷

追溯古希腊积分的起源

求解直线所围面积并非难事，而求解曲线所围面积却十分困难。我们应当如何求抛物线和直线所围成的面积呢？

古希腊数学家、物理学家阿基米德（前287～前212年）在其著作《抛物线求积法》中介绍了抛物线和直线所围成面积的求解方法。阿基米德用无数三角形来填充抛物线内部以求得面积，这一方法又被称为"**穷竭法**"。

穷竭法为求解**曲线所围面积的**

图解穷竭法 求解抛物线面积

如图所示，求解抛物线 ACB 与直线 AB 所围区域面积。首先，以直线 AB 为底边，取抛物线上一点 C 作为顶点，截取三角形（1）。然后，分别以直线 AC、BC 为底边，截取三角形 ACD 和 BCE（2）以同样的方法，连续取小三角形（3）。把所有截取的三角形进行填充求和，便可得抛物线的面积（4）。若设第一个三角形 ABC 面积为 1，则抛物线面积为 $\frac{4}{3}$。

1.

以直线 AB 为底边，取抛物线 AB 上一点 C 作为顶点，从抛物线内部截取三角形 ABC。此时，三角形的高为最大（即面积为最大），通过点 C 的切线与直线 AB 相平行。

2.

以直线 AC 为底边，取抛物线 AC 上一点 D 作为顶点，从抛物线内部截取三角形 ACD。此时，连接点 D，三角形的高同样为最大（即面积为最大）。此时，三角形 ACD 的面积正好是三角形 ABC 面积的 $\frac{1}{8}$。以同样方法取得的三角形 BCE 的面积正好也是三角形 ABC 面积的 $\frac{1}{8}$。

3.

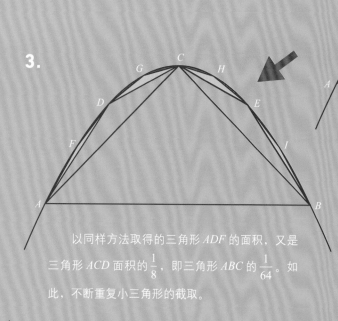

以同样方法取得的三角形 ADF 的面积，又是三角形 ACD 面积的 $\frac{1}{8}$，即三角形 ABC 的 $\frac{1}{64}$。如此，不断重复小三角形的截取。

"积分法"提供了创立基础。 积分法的起源可以追溯至2000年前。

　　阿基米德从抛物线和直线围成的部分着手，把抛物线内部的三角形进行分割（1），并对剩余部分进行三角形分割（2）。这一行为重复多次，最终抛物线内部均被分割为三角形（3）。

　　阿基米德指出，最初分割的三角形面积若为1，则接下来分割的小三角形面积为 $\frac{1}{8}$，再次分割的小三角形面积又为上一三角形面积的 $\frac{1}{8}$（即最初三角形的 $\frac{1}{64}$）。

　　把这些三角形无限填充合算，便可得出抛物线内部面积为最初大三角形面积的 $\frac{4}{3}$。这便是阿基米德的面积求解方法。

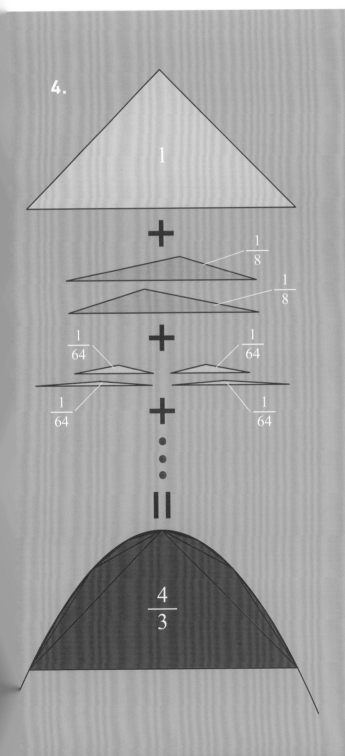

阿基米德
（前287～前212年）

　　阿基米德出生于西西里岛叙拉古，是古希腊时代著名的数学家、物理学家。上图描绘了他在浴缸中灵感突现而发现"阿基米德原理"时的著名场景。阿基米德原理指出，物体在液体中所获得的浮力，等于它所排出液体的重量。除此之外，阿基米德创立了"杠杆原理"，还求出了圆周率的近似值。当时的古希腊人尊崇纯粹的数学理论，而轻视科学知识的实践应用。但阿基米德对技术和工程学等同样怀有极大兴趣，并发明了很多机械应用。

开普勒用积分思维求解
行星运动法则和葡萄酒桶的体积

在阿基米德之后 1800 年，德国天文学家约翰尼斯·开普勒（1572～1630）首先把阿基米德的**"无限分割"的积分求积法**运**用到天文学领域。**

开普勒师从天文学家第谷·布拉赫（1546～1601）。1604 年左右，开普勒在第谷测得的大量火星数据的基础上，经过多次尝试并正确计算出火星的轨道。

多次试错后，开普勒终于得出著名的**"开普勒第二定律"**：太阳

约翰尼斯·开普勒
（1572～1630）

开普勒出生在德国的威尔德斯达特小镇，家里经营酒馆，是家中的长子。开普勒幼年时体弱多病，但热衷数学、天文学、神学，之后取得了大学硕士学位。开普勒师从天文学家第谷·布拉赫，并在老师的观测数据的基础上，创立了"开普勒定理"。开普勒虽留下了丰硕的科研成果，但因卷入宗教纷争而流离失所。他的妻子与孩子因罹患天花离世，年迈的母亲又受到女巫审判，最终度过了坎坷曲折的一生。

A. 借深入的棍棒估量葡萄酒总量

B. 看作圆盘的集合

C. 各圆盘体积相加
（积分）

1. **葡萄酒桶的体积也用无限小的思维**

开普勒对酒商通过插入酒桶的棍棒长度来计算酒量的方式（A）提出质疑。于是，开普勒利用无限小的思维，尝试推算酒桶曲线所围成的立体体积。把葡萄酒桶看作是无数薄圆盘的集合（B）。这样一来，各圆盘的体积便可通过（圆的面积）×（厚度）计算得出，计算各圆盘的体积之和，便可求得葡萄酒桶的体积（C）。

系中太阳和火星的连线在相等的时间内扫过的面积相等（2）。开普勒把太阳和火星连线扫过的扇形面积，通过阿基米德的"无限分割法"，将其分为无限个小三角形并加和计算。这便是开普勒第二定律，它先于第一定律（行星的运动轨道是椭圆）被创立。

开普勒经过无数失败和大量的计算终于得出该定律，但求解曲线所围成部分面积的积分法的一般计算方法并未创立。因此，这一思路的确是积分思维，但积分法在当时还未完全确立。

虽然这一推论欠缺数学演算的严密性，但开普勒应用了无限分割法，并对**葡萄酒桶体积进行推算**（1615 年，《葡萄酒桶的立体几何》，**1**）。

开普勒的研究成果对 17 世纪积分的发展起到了极大的推动作用。

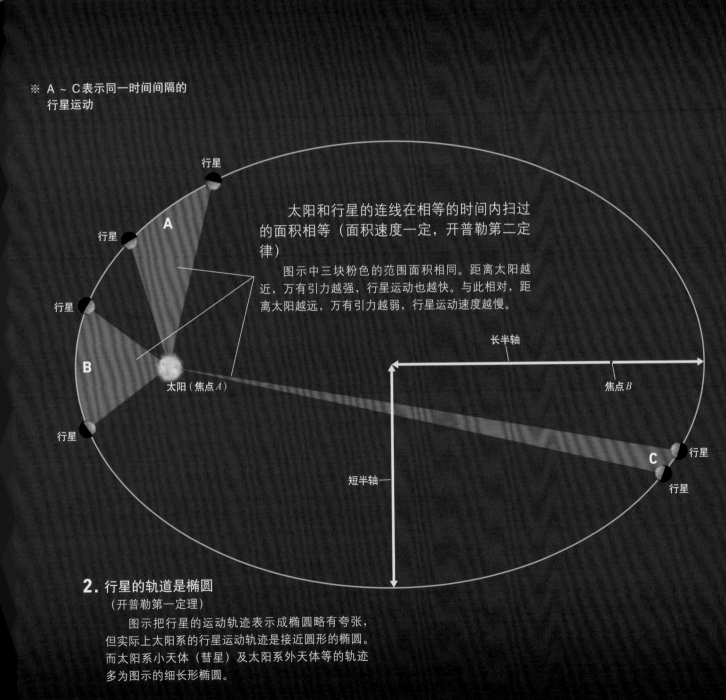

※ A ～ C表示同一时间间隔的行星运动

行星

行星

A

行星

行星

B

太阳（焦点 *A*）

行星

太阳和行星的连线在相等的时间内扫过的面积相等（面积速度一定，开普勒第二定律）

图示中三块粉色的范围面积相同。距离太阳越近，万有引力越强，行星运动也越快。与此相对，距离太阳越远，万有引力越弱，行星运动速度越慢。

长半轴

焦点 *B*

短半轴

C

行星

行星

2. 行星的轨道是椭圆
（开普勒第一定理）

图示把行星的运动轨迹表示成椭圆略有夸张，但实际上太阳系的行星运动轨迹是接近圆形的椭圆。而太阳系小天体（彗星）及太阳系外天体等的轨迹多为图示的细长形椭圆。

17 世纪，更加缜密的积分方法

以阿基米德时代为开端，积分方法在开普勒时代之后不断精炼。17 世纪，在伽利略的学生博纳文图拉·卡瓦列里（1598～1647）和埃万杰利斯塔·托里拆利（1608～1647）的推动下，积分的发展取得了巨大成果。

卡瓦列里在开普勒葡萄酒桶体积的求解方法中获得灵感，提出求解面积和体积的新思路。**他认为"面"可以分解为无限条"线"，"体"可以分解为无限个"平面"**（**1**）。换句话说，面（体）是由无穷个线（面）构成的。这一观点指出，复杂图形的面积和体积都可以

1. 由线构成面、由面构成立体

卡瓦列里认为，"面"可以分解为无限条"线"，"体"可以分解为无限个"平面"。他把这种无限细分的物体称为"不可分量"，并运用该理论创立了"卡瓦列里原理"（右页图中有详细说明）等求解面积和体积的方法。

面

线

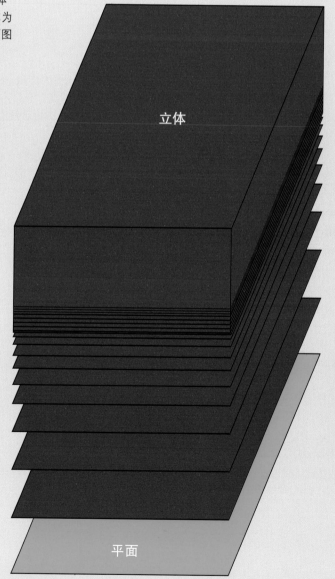

立体

平面

通过比较两个平面或立体图形的关系而求得（**2**）。这一定理被称为"卡瓦列里原理"。

同时，托里拆利又发展了卡瓦列里的观点，对抛物线等曲线所围部分面积和曲线旋转所形成的立体体积的求解方式进行研究。

从公元前至 17 世纪，无数的学者对曲线所围面积的计算进行了探索，不断推进积分法研究的发展。科学家已经找到求解由圆和抛物线等特定曲线所围面积的方法，但适用于所有曲线的万能方法依然未能找到。如果想求解面积，就需要无限分割曲线内面积，进行多次计算。这一方法的最大问题在于计算复杂且并不够严谨。

同微分一样，牛顿运用巧妙的方法解决了积分的如上课题。

2. 卡瓦列里原理

就平面图形而言，如下所示的三个图形 A、B、C 被平行直线所截，如果所得的截线长度相等，则 A、B、C 平面图形面积相等。该原理就是**卡瓦列里原理**。立体图形同理，如果所得的截面面积相等，则 D、E 立体图形体积相等。

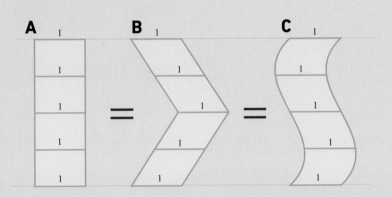

博纳文图拉·卡瓦列里
（1598～1647）

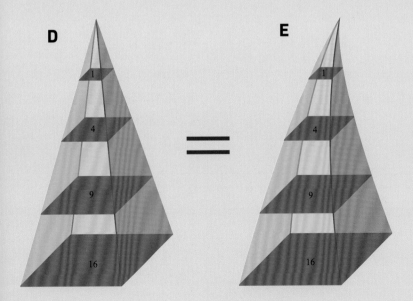

埃万杰利斯塔·托里拆利
（1608～1647）

推动积分发展的
伽利略的学生们

意大利数学家博纳文图拉·卡瓦列里于 1598 年出生于意大利米兰。卡瓦列里早年是一名基督教修士，从事神学研究。据说在与伽利略的学生埃万杰利斯塔·托里拆利相识后，开启了数学的学习研究。之后，他师从伽利略，很快便凸显了自己的数学天赋。1629 年，卡瓦列里担任意大利博洛尼亚大学的数学教授。

饱受批判的
卡瓦列里原理

卡瓦列里的名字因前文介绍的"卡瓦列里原理"而闻名一时。该理论创立于 1621 年，卡瓦列里当时仅 23 岁左右，理论正式发布于 1635 年的著作《用新的方法推进连续体的不可分量的几何学》。书中所提及的"不可分量"，即卡瓦列里提出的"无限分割"观点。

卡瓦列里原理的观点并无错误，但其著作缺乏科学论证，因此在当时受到诸多质疑。

除了卡瓦列里原理，卡瓦列里还在意大利推广"对数"的计算方法。除数学之外，他还撰写了光学、天文学方面的著作。1647 年，卡瓦列里于博洛尼亚逝世，享年 49 岁。

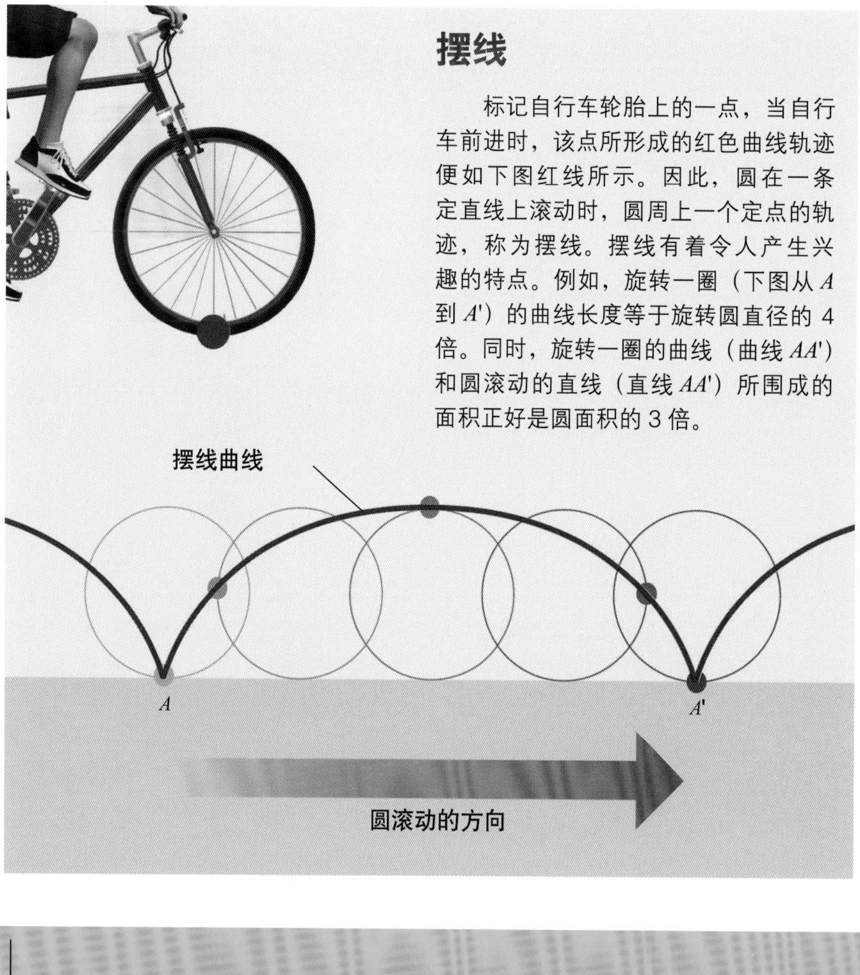

伽利略晚年的爱徒

意大利物理学家、数学家埃万杰利斯塔·托里拆利于 1608 年出生在意大利法恩扎，是一位纺织工匠的长子。师从伽利略的学生卡斯特里学习数学，1641 年又成为伽利略的学生。

但伽利略在隔年的 1642 年 1 月逝世，师徒关系仅维持了数月。据说托里拆利颇有才能，深得伽利略的信赖。晚年的伽利略双目失明，托里拆利和他的学生担任伽利略口述的笔记者，完成了伽利略最后一部著作《关于两门新科学的讨论》的部分内容。

托里拆利于 1644 年出版了《几何学著作集》，书中介绍

摆线

标记自行车轮胎上的一点，当自行车前进时，该点所形成的红色曲线轨迹便如下图红线所示。因此，圆在一条定直线上滚动时，圆周上一个定点的轨迹，称为摆线。摆线有着令人产生兴趣的特点。例如，旋转一圈（下图从 A 到 A'）的曲线长度等于旋转圆直径的 4 倍。同时，旋转一圈的曲线（曲线 AA'）和圆滚动的直线（直线 AA'）所围成的面积正好是圆面积的 3 倍。

摆线曲线

A　　　　　　　　　　A'

圆滚动的方向

了抛物线和"摆线"所围成曲线面积算法及切线画法。圆在一条定直线上滚动时,圆周上一个定点的轨迹,称为摆线(如左页图所示)。托里拆利引入卡瓦列里的不可分量观点,进一步发展研究。

人类第一次制造出真空

在托里拆利的科研成果中,最有名的并不是数学成果,而是有关"真空"的实验。

古希腊哲学家亚里士多德提出,世界上一定由某种物质充满,否定了"真空"的存在。即使到了 17 世纪,这一假说依然根深蒂固地束缚着人们的思想。

人们在 17 世纪便已然知道,用水泵汲水时无论怎样都无法超过 10 米。若真空不存在,抽干空气汲水时,水竟可以上升到任何高度。

1643 年,托里拆利使用密度是水 14 倍的水银(Hg)进行了如下实验。

首先,在水槽一样的容器中装满水银,在一端封闭长为一米的玻璃管中注满水印,管口向下插入槽内,使之保持垂直状态。此时,玻璃管中的水银柱高度为

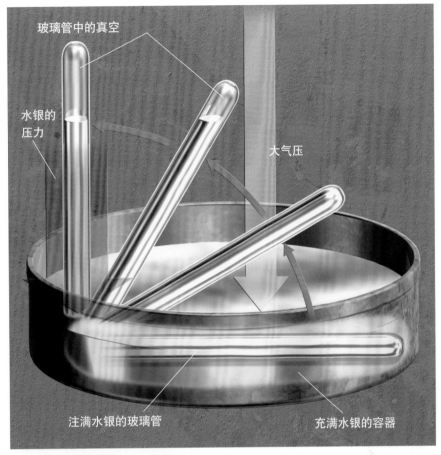

托里拆利制造的真空

1643 年,托里拆利与同伴文森佐·维维亚尼共同进行了水银柱实验。托里拆利指出,水银柱上升至 76 厘米是管外大气压强作用的结果。

76 厘米,且不再上升,并在玻璃管上方形成了一段空桶(如上图所示)。

这一段原本由水银充满的空间,变为空桶的部分就是真空(严格说来,其中还包含挥发的水银蒸汽,所以并不完全是真空状态)。这是人类首次确认真空的存在,托里拆利通过客观实验结束了历经 2000 多年的真空争论。

1647 年,在划时代意义的实验结束 4 年后,托里拆利去世,年仅 39 岁。

尝试使用"卡瓦列里原理"

若在所有高度上取横截面的面积相同，则体积相同

协助 **神永正博**
日本东北学院大学工学部教授

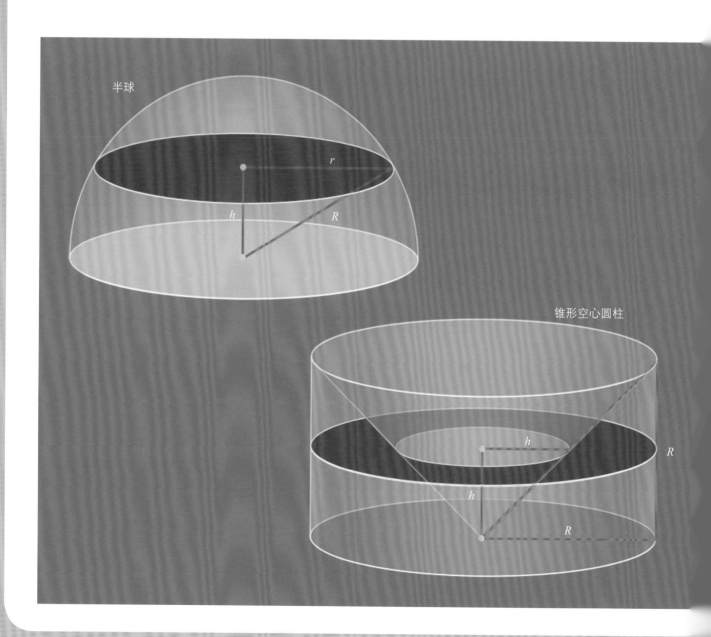

半球

锥形空心圆柱

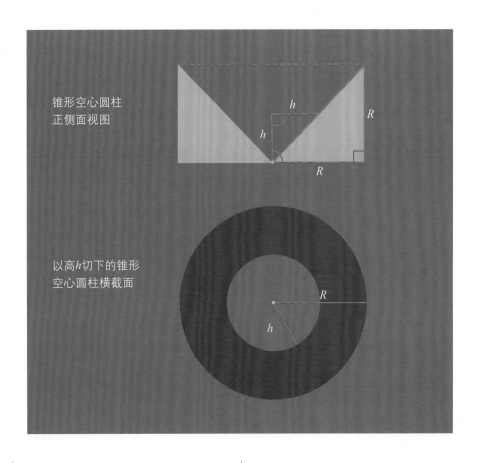

锥形空心圆柱
正侧面视图

以高h切下的锥形
空心圆柱横截面

伽利略的学生博纳文图拉·卡瓦列里（1598~1647）从开普勒的葡萄酒桶的体积求解方法中得到灵感，认为叠加无数个"面"就可获得"立体"。于是，复杂的图形、物体都可通过基本图形的面积来计算。这一观点称为"卡瓦列里原理"（详见第91页）。

根据卡瓦列里原理，不论立体图形的形状，"若在所有高度上取横截面的面积相同，则体积相同"。

在此，让我们尝试求解左页图所示的两个立体体积。

求解半球和锥形空心圆柱横切面

左页图中，上面的立体是"半径为 R 的半球"，下面的是"底面半径为 R，高度也为 R 的圆柱切去圆锥后的锥形空心圆柱"。

你觉得哪个立体体积更大？其实两个立体体积一样大。

运用中学数学学习的球和圆锥的体积公式，可求得两个立体本积。但使用卡瓦列里原理，可以让证明更加简单。

让我们来验证一下吧！因为两个立体的高度都是 R，所以根据卡瓦列里原理，只需证明所有截面面积相等即可。那么，我们尝试求解当高为 h 时，两个立体的截面面积吧。

首先，半径为 R 的半球体截面都是圆。设高 h 处所切截面的圆的半径为 r，则截面面积为

半径 r × 半径 r × π $=\pi r^2$。

如果用 R 来表示，根据勾股定理 $R^2=h^2+r^2$，

则 $\pi r^2=\pi (R^2-h^2)$ … （1）

锥形空心圆柱的体积应当如何计算呢？高为 h 时截取横截面，得到外径为 R，内径为 h 的环状图形（如上图，正侧面视图中粉线标记的两个三角形均为直角等边三角形）。

环形面积为"半径为 R 的圆的面积减去半径为 h 的环形小洞的面积"。所以，环形面积为

"半径为 R 的圆的面积"

－"半径为 h 的圆的面积"

$=\pi R^2-\pi h^2$

$=\pi (R^2-h^2)$ … （2）

这一公式与公式（1）完全一致。

因此，根据卡瓦列里原理可得两个立体的体积相等。🍎

托里拆利小号

旋转"双曲线"所得长度无限大但体积有限的立体形状

协助 ┊ **足立恒雄**
┊ 日本早稻田大学名誉教授

伽利略晚年的学生埃万杰利斯塔·托里拆利（1608~1647）发展了卡瓦列里观点，对曲线旋转所得立体体积的解进行研究。

右页上方所示插图中的立体图形便是其中之一。它是由双曲线围绕坐标轴旋转所得，又称为"托里拆利小号"或"加百利号角"（据宗教传说，天使长加百利吹号角以宣布审判日的到来）。

该立体图形的特点是长度无限大但体积有限。托里拆利把立体图形体积的有限性进行了如下说明。

首先，把"小号"看作厚度无限小的圆筒。不论圆筒形状如何，表面积不变（**1**图表示 $y = \dfrac{1}{x}$ 的双曲线的情况）。

聚集所有内接圆筒就可以填满"小号"，即 **2** 图所示圆筒 *ABCD* 的直径由 0 向 *EF* 变化，这些无数的圆筒体积相加，便得到立体 *EFGIH*（*I* 为无限大的一点）。

如此，"小号"内接的无数圆筒表面积不变。托里拆利发现了如下定理。

立体 *EFGIH* 的体积 = 圆柱 *JKLM* 的体积 = 有限（圆柱 *JKLM* 的底面积与"小号"内接圆筒的表面积相同）

从立体 *EFGIH* 中除去圆柱 *EFGH*（有限的体积）的部分是"小号"的内部体积，因此"小号"的体积是有限的。

在托里拆利时代，"无限"这一概念还处于发展阶段。可以说，结合了无限和有限概念的立体的发现在当时极具冲击性。

另外，使用现代的积分可以简单求出"小号"的体积。双曲线为 $y = \dfrac{1}{x}$ 时，当 $x=1$ 时，其体积的值为：

$$\int_1^\infty \pi \left(\frac{1}{x} \right)^2 \mathrm{d}x$$

$$= \pi \int_1^\infty x^{-2} \mathrm{d}x$$

$$= \pi \left[\frac{1}{-2+1} x^{-2+1} \right]_1^\infty$$

$$= \pi \left[-x^{-1} \right]_1^\infty$$

$$= -\pi \left[\frac{1}{x} \right]_1^\infty$$

$$= -\pi \left(\frac{1}{\infty} - \frac{1}{1} \right)$$

$$= -\pi \left(0 - 1 \right)$$

$$= \pi$$

托里拆利小号

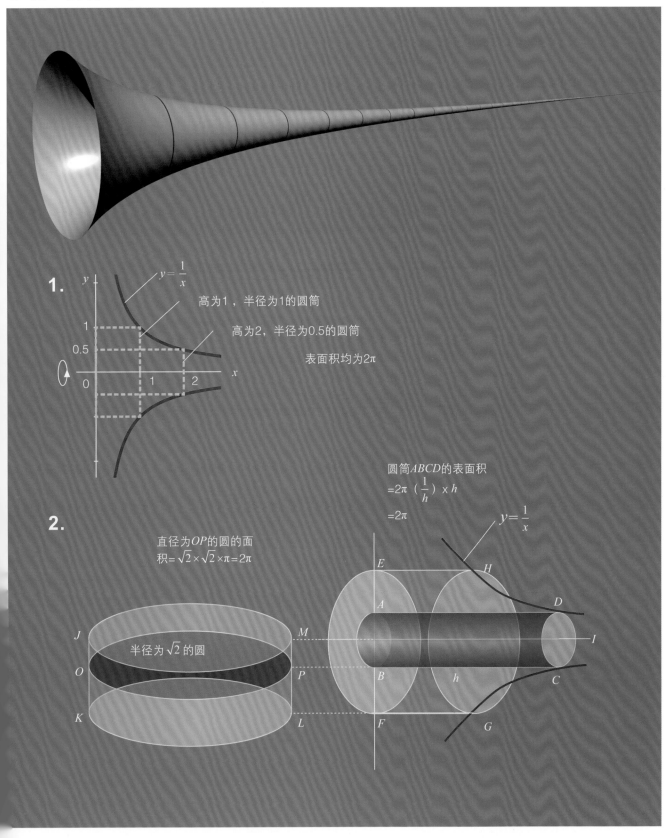

1.

$y=\dfrac{1}{x}$

高为1，半径为1的圆筒

高为2，半径为0.5的圆筒

表面积均为2π

圆筒$ABCD$的表面积
$=2\pi\left(\dfrac{1}{h}\right)\times h$
$=2\pi$

$y=\dfrac{1}{x}$

2.

直径为OP的圆的面积$=\sqrt{2}\times\sqrt{2}\times\pi=2\pi$

半径为$\sqrt{2}$的圆

积分是微分的"逆运算"，彻底解决了积分计算的难题

作为一个简单积分的例子，我们先来计算不是由曲线而是由直线围成的一个区域的面积。

如下面图解中的图①-A 所示，图上有一个由直线"$y = 1$""x轴""y轴"和"平行于y轴的直线"（红色直线）围成的区域（绿色长方形），我们来考虑这块区域的面积等于什么。设平行于y轴的那条直线的x坐标是"x"，那么绿色长方形的底边长度就是"x"。已知绿色长方形的高为"1"，于是马上可以计算出这块绿色长方形的面积，它等于底边（x）× 高（1）="x"。把平行于y轴的直线的x坐标和绿色长方形面积的这种数学关系绘制成图线，便得到图①-B中的新图线。此图线的y值就是图①-A 中绿色长方形的面积值。绿色长方形的面积等于"x"，因而①-B 中的图线可以用一个数学式"$y = x$"表示，这是一条直线。

现在再来看下面的图②-A，图中有一条由数学式"$y = 2x$"表示

求表示面积的函数

把右侧上方各图中"平行于y轴的直线的x坐标"和"绿色部分面积"之间的关系绘制成图线，便分别得到下面对应的各图。

这里上下成对的图中的两个对应函数之间的关系就是第82~83页上给出的"导数"和"导数所对应的原函数"之间的那种关系。

下图中的函数叫作对应上图中函数的"原函数"。

①-A

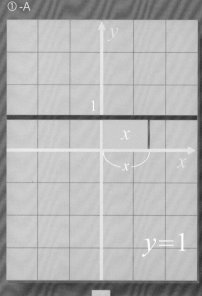

$y=1$

②-A

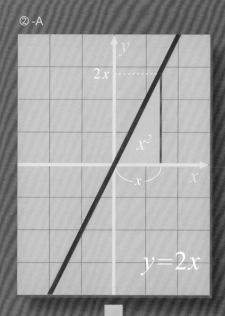

$y=2x$

积分　　　　　　　　　　　　　积分

①-B

对上图函数进行积分所得到的"原函数"的图线

（表示上图中绿色部分面积的图线）

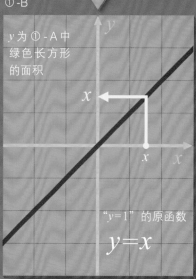

y为①-A中绿色长方形的面积

"$y=1$"的原函数
$y=x$

②-B

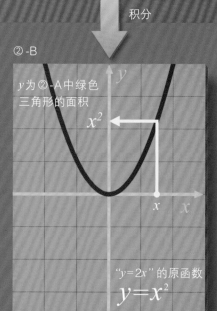

y为②-A中绿色三角形的面积

"$y=2x$"的原函数
$y=x^2$

的倾斜直线，这次要考虑的是这条直线下方的那个区域（绿色三角形）的面积等于什么。根据面积公式，马上可以得到绿色三角形的面积＝底边（x）×高（$2x$）÷2＝"x^2"。

与得到图①-B一样，我们也把平行于y轴的直线的x坐标和绿色三角形面积的这种数学关系绘制成图线，得到图②-B中的新图线。此图线是用"$y = x^2$"数学式表示的一条曲线。

于是，这里就有了成对的上下对应的图线。你是否觉得似曾相识？

原来，它们就是在第82页给出的那种**成对的上下对应的函数图线和导数图线，只不过上下交换了位置。**

在第82页上是对"$y = x^2$"进行微分得到了导数"$y = 2x$"。在这里则是为了求"$y = 2x$"所表示的直线下方的面积而对这个函数进行计算，即进行积分，得到了"$y = x^2$"。原来，**"微分"计算和"积分"计算两者是一种"逆运算"关系。**

牛顿在1665年发现了这种奇妙的"逆运算"关系。利用这种"逆运算"关系，他彻底解决了长期遗留下来的积分计算难题。

如果利用"微分"和"积分"之间的"逆运算"关系来求前两页提到的那块河流旁边的土地的面积（下面图③-A中的绿色部分），就不再需要把那块土地划分为许多细小的图形来进行烦琐的计算。这时要做的事情，不过是设法找出**对其进行微分就可以得到已知曲线公式的那个未知数学式。**待求的那个数学式（函数）叫作已知曲线公式（函数）的"原函数"。这个**原函数就是正确表示已知曲线下方面积的数学式**（下面图③-B）。

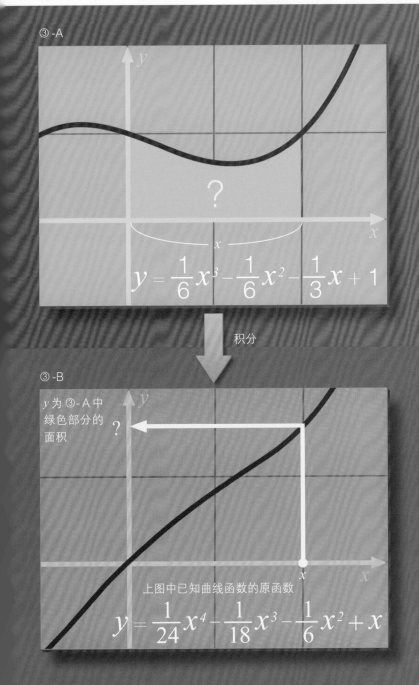

③-A

$$y = \frac{1}{6}x^3 - \frac{1}{6}x^2 - \frac{1}{3}x + 1$$

积分

③-B

y 为③-A中绿色部分的面积

上图中已知曲线函数的原函数

$$y = \frac{1}{24}x^4 - \frac{1}{18}x^3 - \frac{1}{6}x^2 + x$$

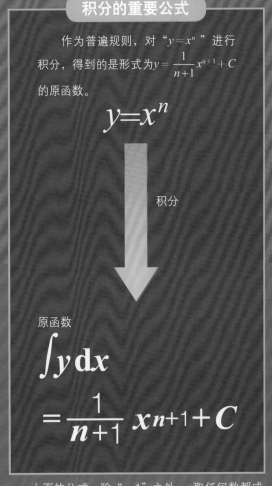

积分的重要公式

作为普遍规则，对"$y = x^n$"进行积分，得到的是形式为$y = \frac{1}{n+1}x^{n+1} + C$的原函数。

$$y = x^n$$

积分

原函数

$$\int y\, dx$$

$$= \frac{1}{n+1}x^{n+1} + C$$

上面的公式，除"-1"之外，n取任何数都成立。C为常数。同第83页给出的"微分的重要公式"相比较，不难看出积分就是微分的"逆运算"。

按照微积分的计算如期回归的哈雷彗星

在本部分快要结束时，我们来介绍显示了微积分巨大威力的一个非常著名的"事件"。

牛顿把他发明的微积分和他所建立的包括万有引力定律在内的牛顿力学在17世纪后半叶陆续发表之后[※]，虽然普通人并不清楚这些成果的意义，但那些懂得其内容的学者全都由衷叹服牛顿所创建的那种研究问题的新方法。

牛顿的一位叫作埃德蒙·哈雷（1656～1742）的好朋友很快就学会了牛顿发明的微积分和他所发现的那些物理定律。哈雷是一位天文学家，于是他使用牛顿的方法来研究当时的一个天文学难题：计算彗星的轨道。

哈雷注意到，分别在1531年、1607年和1682年来到地球附近的那三颗彗星具有非常相似的轨道。哈雷认为，它们其实是同一颗彗星。他精确计算出那颗彗星的轨道，并大胆预言："那颗彗星应该在1758年再次来到地球附近"。哈雷预言的那颗彗星后来就被命名为"哈雷彗星"。

当时，人们感到彗星神秘莫测，认为彗星的出现是非常不吉利的事情，是一种凶兆。然而哈雷却宣布，可以根据物理学定律利用微积分计算出彗星会在何时到来。

到了1758年，在圣诞节那一天，差不多正好是哈雷预言的时间，夜空中果然出现了那颗彗星。这一瞬间，牛顿发明的微积分既打破了关于彗星的迷信和所有的神秘，又向世人证明了这一方法的正确性和巨大的威力。●

※：记载了万有引力定律等力学定律的《原理》于1687年出版。关于《原理》和微积分的关系请见第114页介绍。

1758年，哈雷彗星如期"回归"

哈雷预言，哈雷彗星应该在1758年末到1759年初这段时间再次返回接近地球。这里图解绘出的是当时的太阳系的中心区域。

按照牛顿的推测，彗星的轨道应该是"圆锥曲线"（圆、抛物线、椭圆和双曲线）之一。哈雷利用过去留下的大量彗星记录计算它们的轨道，得到哈雷彗星的轨道是椭圆的结论。

通常，彗星都是用它的发现者的名字命名，哈雷彗星是个例外。为了纪念哈雷计算这颗彗星的轨道和作出正确预言，是在事后才把它命名为"哈雷彗星"的。

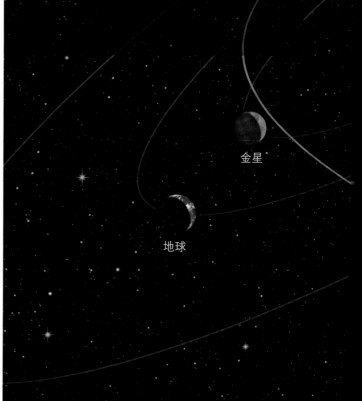

金星

地球

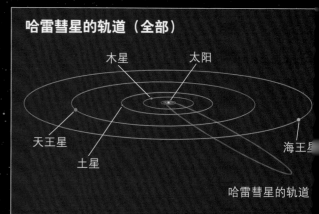

哈雷彗星的轨道（全部）

木星　太阳

天王星

海王星

土星

哈雷彗星的轨道

牛顿最坚定的理解者、
支持者——哈雷

正如前文所介绍，埃德蒙·哈雷（1656~1742）是英国著名的天文学家，曾正确计算并预测哈雷彗星的运动。他不仅极富才华，而且为人正直诚实。

此外，他还是牛顿的理解者和支持者，并且赞助出版了牛顿的研究成果。

与牛顿的相遇

1684 年，在英国皇家学会举办的集会结束后，哈雷和物理学家、天文学家罗伯特·胡克（1635~1703），以及天文学家、建筑学家克里斯托弗·雷恩（1632~1723）出现在伦敦某家咖啡厅内，讨论起德国天文学家约翰内斯·开普勒（1572~1630）发表的关于行星运动轨迹的"开普勒定律"。

开普勒定律指出，行星与太阳间的引力与其距离的平方成反比，并且假定引力与距离平方成反比，则行星的运动轨道是一个椭圆。当时没有人可以证实这一推论，胡克声称自己已完成证明，但被哈雷和雷恩追问证明过程时，却拿不出任何证据。

因为无法找到解决问题的思路，哈雷决定前去拜访剑桥大学的一位科学家。他便是时年 41 岁的牛顿。身为天才数学家的牛顿因不愿公开发表研究成果与胡克间有诸多纷争。

1648 年 8 月，哈雷冒昧登门拜访，并提出"假定引力与距离平方成反比，行星运动轨迹是怎样的"的疑问。牛顿马上回答说，行星呈椭圆运动且自己已推导出计算结果。哈雷马上想要计算材料，但牛顿当时并没有找到，于是牛顿约定日后会寄送相关资料。

3 个月之后，哈雷收到了牛顿关于天体运动轨道相关的证明资料。

竭力出版"改变世界的原理"

哈雷拜读了牛顿寄来的证明资料后非常吃惊，因为不仅有哈雷所寻求的天体运动轨迹证明，还有关于后来被称为牛顿力学的物理原理。

哈雷说服了神秘主义者牛顿，并承诺资助出版牛顿的理论。这就是后来的《自然哲学的数学原理》（简称《原理》，第 114 页也会介绍这本书的相关内容）。

牛顿在约一年半的时间里，致力于《原理》的写作，但在接近完成时，发生了很多问题。

首先是资金问题。原来，承担出版费用的英国皇家学会出现了资金困难。因为英国皇家学会在其他书籍的出版方面投入了大量资金，未曾想这些书根本不畅销。

这一次是哈雷"拯救"了牛顿书籍的出版。虽然当时的哈雷已不如之前富有，但他还是提出由自己出资赞助书籍的出版。

在《原理》（全三部）第一部和第二部的完成阶段，胡克指

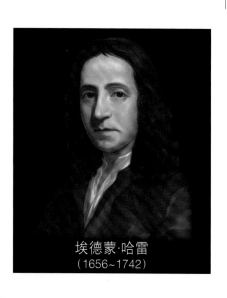

埃德蒙·哈雷
（1656~1742）

认"牛顿窃取了自己的想法"。听闻此事的牛顿勃然大怒，拒绝出版第三部。哈雷设法平息了这场争执，终于在 1687 年，《原理》第三部出版问世。可以说，《原理》作为科学史上最重要的书籍之一，是因为哈雷在物质和精神两方面的大力支持下才得以问世的。

1986年，哈雷彗星回归时的图像。图像右侧可看到"彗核"喷出一道较长的彗尾和气体。

20 岁为观测南天星前往南海孤岛

埃德蒙·哈雷有着怎样的人生经历呢？哈雷于 1656 年出生于英国伦敦近郊的肖迪奇，他的父亲（与哈雷同名，也叫埃德蒙）是一位富有的肥皂商人，家境相当殷实。

哈雷早年便对天文学怀有极大兴趣，并通过父亲置办的观测器材进行天文观察。

1676 年，哈雷发表了他的第一篇论文，内容是关于行星的运行轨道。之后哈雷离开牛津大学，前往南大西洋的圣赫勒拿岛进行天文观测并绘制南天恒星表。该岛位于非洲大陆西侧，是名副其实的远海孤岛，因拿破仑被流放于此而闻名。

1678 年，哈雷返回英国，带回了欧洲第一份南海星表，并受到社会认可。年仅 22 岁的哈雷由此进入英国皇家学会，成为该机构史上最年轻的会员。同时，原本退学的哈雷因巨大成就由国王特批重新获得了牛津大学的学位。

预测哈雷彗星的到来

1695 年，39 岁的哈雷开始了对后来以他名字命名的彗星——哈雷彗星的轨道研究。

哈雷尽可能地收集过往的彗星记录，并且，使用牛顿创立的微积分和力学理论，解析彗星的轨道。

结果发现，1531 年、1607 年及 1682 年回归的 3 颗彗星的轨道特征极为相似。于是，他认为这些彗星其实是在椭圆轨道运动的同一颗彗星。并且，预言了同样的彗星将在 1758 年再次飞至地球附近，这就是后来的"哈雷彗星"。哈雷在 1742 年去世，虽然他不能亲眼确认预言的正确性，但他的预言成功应验了。

哈雷彗星是人类首次确定轨迹的彗星，彗星的序列号也是 1 号。哈雷于 1705 年，把如上研究结果整理在《彗星天文学大纲》中进行出版。

世界上第一个保险统计表和三次科学航海

除了彗星的研究，哈雷于 1690 年前后在其他领域也作出了重要贡献。例如，他发表了有关潮汐的气象学权威文章，设计了用于人寿保险等计算的保险统计表，甚至还发明了钟形潜水设备。

1700 年前后，哈雷接受国王的任命再次出海，其目的是为了准确测定各种海域的指挥仪偏差，航海一共进行了三次。

之后，哈雷担任牛津大学的数学教授，并成为皇家格林尼治天文台的第二任台长。哈雷于 1742 年逝世，享年 86 岁。据说他离世前几周，依然在格林尼治天文台进行天体观测。🍎

PART 4
发明权归属之争和微积分之后的发展

说起微积分的创立，除牛顿之外还有一位，他就是德国的哲学家、数学家莱布尼茨。本部分将会介绍牛顿和莱布尼茨之间关于微积分发明权归属之争、牛顿的著作《原理》、微积分之谜，以及牛顿之后诞生的现代微积分的发展等内容。

106　**Topics**
　　　微积分发明权归属之争

112　**Column 11**
　　　在不同领域大放光彩的莱布尼茨

114　**Column 12**
　　　《原理》之谜
　　　——牛顿使用微积分了吗？

116　**Topics**
　　　17 世纪之后微积分的发展

微积分创始人究竟是谁？！牛顿和莱布尼茨间的"泥潭之争"

众所周知，微积分的创始人有两位，一位是我们已经介绍过的牛顿，另一位则是德国的哲学家、数学家莱布尼茨。生于同一时代的两人究竟是谁先提出了微积分的观点，围绕这一问题产生了巨大纷争。至此，本书将对微积分发明权归属之争进行介绍。

1665 年左右，牛顿提出了微积分法的基本观点。但是，神秘主义者牛顿并没有立即公开微积分法的成果。关于载有牛顿微积分成果的《曲线求积术》正式出版，是在其观点提出 40 年后的 1704 年。

除牛顿以外，还有一位也被称为微积分的"创始人"。他就是德国哲学家、数学家戈特弗里德·威廉·莱布尼茨（1646~1716）。1684 年，莱布尼茨整理并先于牛顿出版了自己的微积分研究。因此，牛顿和莱布尼茨之间展开了微积分发明权归属之争。

牛顿的成就知多少？

微分和积分作为独立的学科发展着，在"微积分基本定理"（参照第 98 页）发现后，微积分学才成为一门完整的学科。也就是说，牛顿被称为微积分的创始人，是因为微积分基本定理的发现。

从留存的资料分析，牛顿是在 1665 年 5 月左右，明确发现了微积分的基本定理，成果在大约 40 年后才公开，但当时也并非完全不为人知。牛顿原稿的副本曾流通于英国学者间的有限范围内。

1669 年左右，牛顿的数学论文实际上有被出版的可能。当时，牛顿的导师——数学家艾萨克·帕罗（1630~1677）阅读了牛顿提交的论文，惊叹于他的数学才能，于是，便向在伦敦从事数学书籍出版工作的约翰·柯林斯写信，传达牛顿的论文内容。牛顿论文的副本由帕罗寄给柯林斯，又传给了数名数学家。

柯林斯强烈建议牛顿出版，但牛顿拒绝出版。如果当时就发表论文，势必会给数学界带来革命性的变化，甚至有人说这本书将会成为堪称"数学理论基础"的历史性著作。如此，他和莱布尼茨之间围绕微积分创始人的纷争也可能不会发生。

莱布尼茨何时创立微积分？

17 世纪 70 年代后，莱布尼茨

莱布尼茨肖像画，1710年左右
（64岁）绘制。

正式开始数学方面的研究。年轻的莱布尼茨在法学、神学、几何学、语言学等方面都发挥着卓越的才能，并且也一直致力于对数学领域的研究（莱布尼茨一生的详细介绍详见第 112 页）。

1675 年左右，他独自创立了微积分的基本定理。但当时莱布尼茨并不知道自己的发现比牛顿晚了近 10 年。1684 年，莱布尼茨在学术杂志上发表了关于微积分基本定理的论文。

以现代的标准来说，即便牛顿首先提出了微积分观点，但率先在学术杂志上正式发表文章的莱布尼茨才是微积分的创始人。但在 17 世纪时关于“优先权”的相关规则并不完备。由此，牛顿和莱布尼茨之间展开了微积分发明权的归属之争。

疑似盗取学术观点

在微积分发明权归属之争中，存在对莱布尼茨不利的“旁证”。1676 年，莱布尼茨来到伦敦拜访前文介绍的柯林斯，拜读了牛顿数学相关论文并摘抄了部分内容，其中就包括有关微积分的成果。因此，这一旁证也成为牛顿指控莱布尼茨盗取行为的重要原因。

莱布尼茨在此前一年（1675 年）便已独自提出微积分的基本定理，所以没有必要盗取牛顿的成果。但实际上，莱布尼茨当时只抄录了和微积分定理没有直接关系的“级数展开”内容。

1676 年，牛顿和莱布尼茨就数学成果曾进行书信交流。当时，两人间还未产生对立关系。书信往来中，牛顿曾把微积分的一部分方法传授给莱布尼茨。牛顿使用“回文构词法”谈到可用于微积分的内容。但研究者相信莱布尼茨不可能破解牛顿其中的隐语，更无法了解使用如上方法具体能做什么。

MENSIS OCTOBRIS A. M DC LXXXIV. 467

NOVA METHODUS PRO MAXIMIS ET MInimis, itemque tangentibus, quæ nec fractas, nec irrationales quantitates moratur, & ſingulare pro illis calculi genus, per G. G. L.

TAB.XII.

SIt axis AX, & curvæ plures, ut VV, WW, YY, ZZ, quarum ordinatæ, ad axem normales, VX, WX, YX, ZX, quæ vocentur reſpective, v, w, y, z; & ipſa AX abſciſſa ab axe, vocetur x. Tangentes ſint VB, WC, YD, ZE axi occurrentes reſpective in punctis B, C, D, E. Jam recta aliqua pro arbitrio aſſumta vocetur dx, & recta quæ ſit ad dx, ut v (vel w, vel y, vel z) eſt ad VB (vel WC, vel YD, vel ZE) vocetur dv (vel dw, vel dy vel dz) ſive differentia ipſarum v (vel ipſatum w, aut y, aut z) His poſitis calculi regulæ erunt tales:

Sit a quantitas data conſtans, erit da æqualis o, & d $\overline{ax}$ erit æqu. a dx: ſi ſit y æqu v (ſeu ordinata quævis curvæ YY, æqualis cuivis ordinatæ reſpondenti curvæ VV) erit dy æqu. dv. Jam *Additio & Subtractio*: ſi ſit z − y + w + x æqu. v, erit d $\overline{z - y + w + x}$ ſeu dv, æqu dz − dy + dw + dx. *Multiplicatio*, d $\overline{xv}$ æqu. x dv + v dx, ſeu poſito y æqu. xv, fiet dy æqu x dv + v dx. In arbitrio enim eſt vel formulam, ut xv, vel compendio pro ea literam, ut y, adhibere. Notandum & x & dx eodem modo in hoc calculo tractari, ut y & dy, vel aliam literam indeterminatam cum ſua differentiali. Notandum etiam non dari ſemper regreſſum a differentiali Æquatione, niſi cum quadam cautione, de quo alibi. Porro *Diviſio*, d $\frac{v}{y}$ vel (poſito z æqu. $\frac{v}{y}$) dz æqu. $\frac{\pm v\,dy \mp y\,dv}{yy}$

Quoad *Signa* hoc probe notandum, cum in calculo pro litera ſubſtituitur ſimpliciter ejus differentialis, ſervari quidem eadem ſigna, & pro + z ſcribi + dz, pro − z ſcribi − dz, ut ex additione & ſubtractione paulo ante poſita apparet; ſed quando ad exegeſin valorum venitur, ſeu cum conſideratur ipſius z relatio ad x, tunc apparere, an valor ipſius dz ſit quantitas affirmativa, an nihilo minor ſeu negativa: quod poſterius cum fit, tunc tangens ZE ducitur a puncto Z non verſus A, ſed in partes contrarias ſeu infra X, id eſt tunc cum ipſæ ordinatæ

Nnn 3 z decre-

摘自莱布尼茨于1684年发表的微积分论文《一种求极大极小和切线的新方法，它也适用于分式和无理量，以及这种新方法的奇妙类型的计算》的第一页。书中的“dx”等函数标记法至今仍在使用。

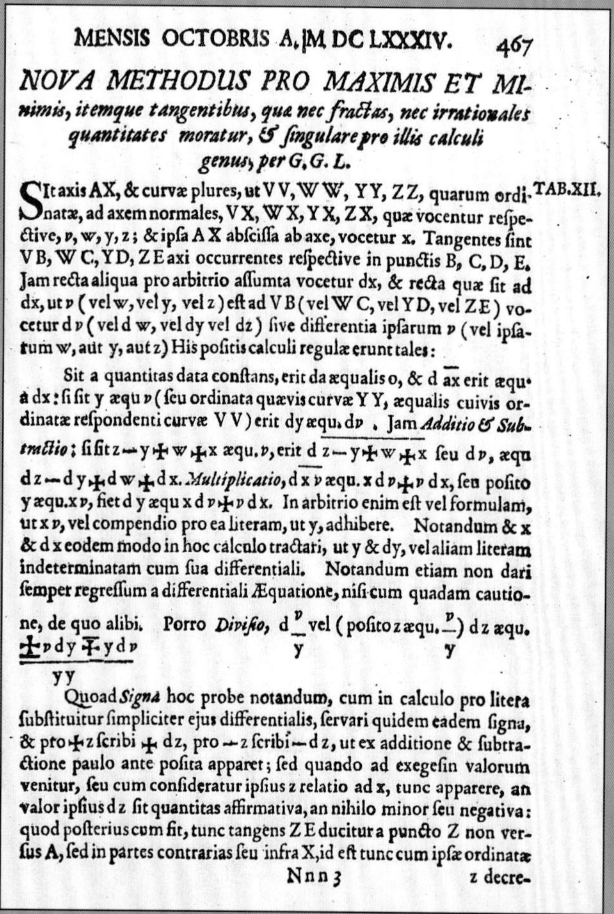

旁人也被卷入的攻讦战

纷争的导火索发生在 1699 年。牛顿坚定的拥护者之一——瑞士数学家尼古拉·法蒂奥·丢勒（1664~1753）在出版的书中暗示牛顿才是微积分学的创始人，莱布尼茨盗取了牛顿的学术成果。

被激怒的莱布尼茨于次年（1700 年）在学术杂志上进行反驳。牛顿本应愤怒反攻，但当时争执并没有进一步激化。

但纷争的“火焰”并没有“熄灭”。1704 年，牛顿首次发表自己

OPTICKS:

OR, A TREATISE

OF THE

REFLEXIONS, REFRACTIONS,
INFLEXIONS and COLOURS

OF

LIGHT.

ALSO

Two TREATISES

OF THE

SPECIES and MAGNITUDE

OF

Curvilinear Figures.

LONDON,
Printed for SAM. SMITH, and BENJ. WALFORD,
Printers to the Royal Society, at the Prince's Arms in
St. Paul's Church-yard. MDCCIV.

牛顿于1704年发表的《光学》一书的封面。牛顿发表的第一篇关于微积分的学术论文《曲线求积术（求积论）》刊登为该书附录。该书出版时，牛顿与莱布尼茨间关于微积分发明权之争已经开始。牛顿在1665年发现微积分基本定理，并在1691年至1693年开始撰写求积论。《光学》一书主要介绍了光的反射、折射，以及光和颜色的关系。与用拉丁语撰写的《原理》一书不同，该书由英语撰写，因而受众更广。

的微积分研究成果《求积论》。牛顿在书中揭露，1676年，自己在写给莱布尼茨的信中透露了微积分的研究成果，并使用"回文构词法"隐藏了关键内容。牛顿暗示自己首先发现微积分基本定理，莱布尼茨窃取了自己的成果。

对此，莱布尼茨也勃然大怒，并再次在学术杂志上发表了反驳意见。之后，彼此的支持者也卷入纷争，向对方发起激烈的诽谤和指控。

纷争终于在1711年终结，无法忍受指控纷争的莱布尼兹向英国皇家学会寄出抗议信，请求给予公正判定。英国皇家学会判定："牛顿才是第一发现者，莱布尼茨是从牛顿的信中得知了微积分基本定理。"英国皇家学会的回答看似中立，其实都是英国皇家学会时任会长牛顿的授意。

1712年，英国皇家学会就微积分的发明权之争成立了调查委员会。翌年（1713年），委员会把调查结果整理成报告书，分发给各国学术机构。判定结果是："牛顿才是第一发现者，莱布尼茨是从牛顿的信中得知了微积分基本定理。"牛顿在背后操纵了

一切，所以有如此结果毫不意外。人们后来才得知从调查委员会成员的人选，再到调查结果的编辑整理，牛顿几乎参与了所有调查工作。

多年之后，这背后的真相才浮出水面。而当时，在牛顿的运作下，人们普遍认为是莱布尼茨剽窃了牛顿的成果。在英国皇家学会公布不当调查结果的3年后（1716年），莱布尼茨在愤懑中悄然离世。

牛顿和莱布尼茨的微积分一样吗？

我们暂且不谈争夺发明权的问题。牛顿和莱布尼茨创造的微积分是完全相同的吗？两人在切线的斜率、面积求解数学方法方面相同，却对微积分的思考有所不同。

牛顿用点和线的运动表示切线的斜率和面积。而莱布尼茨用小三角形和细长长方形等"无限小的图形"，表示切线的斜率和面积（参照下图）。微积分的表示

▷两位"创始人"

标记方法的差别

右下图左侧是牛顿微积分的标记法，右侧是莱布尼茨微积分的标记法。如今，课堂中所学的微积分主要采用莱布尼茨的标记法

微分观点与标记法

牛顿使用点的运动速度 $(\dot{x}, \dot{y})$ 计算切线斜率（※ 第78页介绍的 p、q 之后被牛顿改为点表记）。牛顿把动点的速度称为"流率"。

而莱布尼茨用无限小三角形的边 (dx, dy) 之比，计算切线的斜率。

牛顿

莱布尼茨

切线的斜率

切线的斜率

积分观点与标记法

牛顿把曲线下方的面积设为 (x)，计算与 y 轴平行的直线和曲线下方向右移动形成的轨迹。牛顿把运动直线围成的面积称为"流量"。

而莱布尼茨计算的是纵轴 y× 横轴 dx 的细长长方形的总和（$\int y dx$）。

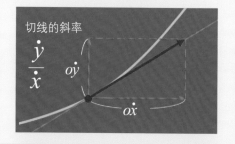
曲线下方的面积

曲线下方的面积

法不同，体现出两人对微积分研究动机的不同。牛顿的微积分思想是用数学表达随时间运动的点与线的变化量。而莱布尼茨的微积分没有出现时间和变化量等概念。莱布尼茨通过探求曲线的图形（几何学）特征，而创立了解决切线与面积问题的（微积分）方法。

牛顿的微积分消失了？

莱布尼茨很擅长使用新符号，发明了很多方便使用的微积分标记法。并在无数继承者的不断发展中完善，使莱布尼茨的微积分方法变得更加精炼。其中，包括瑞士数学家雅各布·伯努利（1654~1705）和约翰·伯努利（1667~1748）兄弟、法国数学家约瑟夫·拉格朗日（1736~1813），以及同为法国数学家的让·巴普蒂斯·约瑟夫·傅立叶（1768~1830）等。

现在数学课本中的微积分主要采用莱布尼茨的标记法。虽然莱布尼茨在发明权的争斗中失败，但在标记法方面取得了胜利。此外，虽说如今的课堂上不讲授牛顿标记法，但这并不意味着牛顿微积分的消失。牛顿的标记法仍然应用于物理学的部分领域。

原来在由符号所组成的微积分计算公式的诞生和发展背后，蕴含着极富戏剧性的故事。🍎

◉ 牛顿与莱布尼茨的对应年表

1643年	牛顿出生
1646年	莱布尼茨出生
1665年	牛顿发现微积分基本定理
1675年	莱布尼茨发现微积分基本定理
1676年	莱布尼茨前往伦敦，拜读牛顿的论文 牛顿与莱布尼茨展开信件交流
1684年	莱布尼茨发表微积分论文
1699年	牛顿信奉者丢勒控诉莱布尼茨盗取牛顿成果
1704年	牛顿在《求积论》中发表微积分成果 两人纷争矛盾激化
1711年	莱布尼茨向英国皇家学会寄送抗议信
1713年	英国皇家学会（＝牛顿）判定牛顿是微积分创始人
1716年	莱布尼茨去世
1727年	牛顿去世

在不同领域大放光彩的莱布尼茨

戈特弗里德·威廉·莱布尼茨于 1646 年出生于德国的莱比锡，其父是莱比锡大学的哲学教授，莱布尼茨在 15 岁便进入莱比锡大学学习。在大学期间，他曾前往耶拿大学攻读数学专业，回到莱比锡大学后取得了法学和哲学学位。

发明机械计算器

大学毕业后，莱布尼茨没有留任当教授，而是选择效力欧洲各国王室。1672 年，莱布尼茨被当时的国王任命为外交官派往法国巴黎。

派遣的目的是说服法国国王路易十四攻打埃及。虽然莱布尼茨没能完成当初的任务，但他在巴黎结识了物理学家、数学家克里斯蒂安·惠更斯（1629~1695）等法国学者。

莱布尼茨在巴黎改良了法国哲学家、数学家帕斯卡制作的滚动式计算器。改良版计算器采用了齿轮装置，非常先进，可以进行加减乘除四则运算（如下图所示）。

1673 年，27 岁的莱布尼茨在英国出差时，向英国皇家学会介绍了该发明，立刻得到学会认可并成为其会员。

莱布尼茨在巴黎生活至 1676 年，期间一直致力于数学的研究，并和牛顿各自独立发现微积分的基本定理（详见第 106~111 页）。

莱布尼茨接受了德国汉诺威约翰·弗里德里希公爵的邀请，于 1676 年移居汉诺威。之后，莱布尼茨到汉诺威管理图书馆并担任公爵法律顾问等职务。1716 年，莱布尼茨去世，期间近 40 年都在汉诺威度过。

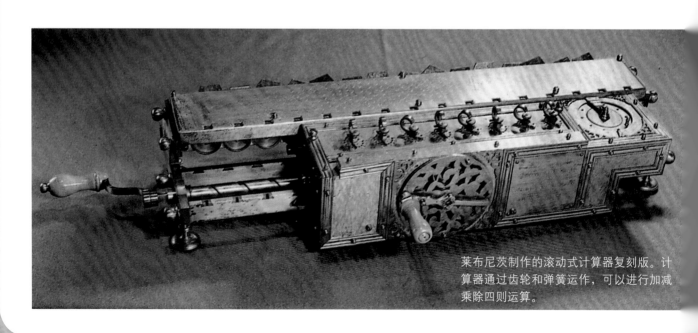

莱布尼茨制作的滚动式计算器复刻版。计算器通过齿轮和弹簧运作，可以进行加减乘除四则运算。

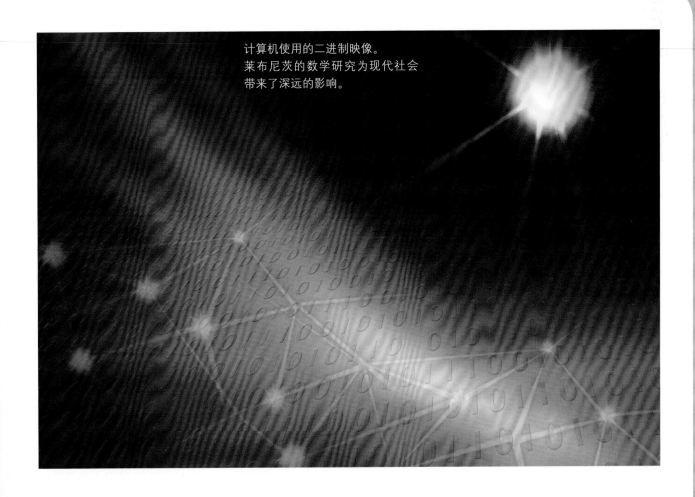

计算机使用的二进制映像。
莱布尼茨的数学研究为现代社会
带来了深远的影响。

二进制研究

除了微积分，莱布尼茨在数学界还有很多丰硕的研究成果。

例如，他对现在被称为二进制的数字标记进行了研究。我们一般使用"0，1…9"的"十进制"数字，便可表示所有的数字，但在二进制下，只用0和1这两个数字就可以表示所有数字，计算机就是使用二进制原理运作的代表。莱布尼茨对二进制的研究深刻影响着现代社会。

同时，莱布尼茨还研究了用符号表示人类思想的"符号逻辑学"。如果人类的思想可以符号化，那其正确性也可以有逻辑地计算，就像文字式地"计算"一样。

莱布尼茨同时还对"行列式""无限级数""位置"等进行了重点研究。

对许多科研领域持有兴趣

在汉诺威生活期间，莱布尼茨周游欧洲，并与欧洲各国学者展开交流或进行书信往来。他对许多领域的学问怀有极大兴趣。

例如，在哲学领域，他提出《单子论》，认为世界是由"单子（monda）"这一微小单位构成的（1714年）。

在物理学（力学）领域，他对动能和势能等接近现代物理学的概念进行了研究。

在神学领域，他尝试统一天主教和路德新教，并召开相关集会。

莱布尼茨广泛的研究活动受到巴黎科学院的认可，并在1700年和牛顿一同成为该学院的外国会员。同年，莱布尼茨创立柏林科学院，担任首任会长。1712年起，他还倡导成立俄罗斯和澳大利亚科学院。

在莱布尼茨晚年，因和牛顿的微积分发明权纷争而饱受控诉，所以最终效力的公爵为参选国王而前往英国时拒绝让莱布尼茨跟随。1716年，莱布尼茨在愤懑中悄然离世，享年70岁。

《原理》之谜
——牛顿使用微积分了吗？

1687 年，牛顿的《自然哲学的数学原理》（简称《原理》）出版，该书宣告牛顿力学的诞生，解释了"万有引力"等定律，被认为是科学史上最重要的著作之一。

《原理》的出版离不开哈雷的大力支持，事情原委在第 102 页有详细介绍。

牛顿在 1684 年左右开始撰写《原理》一书，据说在此前 20 年的 1665 年，万有引力定律的观点就已经形成，和微积分原理的发现处于同一时期。

PHILOSOPHIÆ
NATURALIS
PRINCIPIA
MATHEMATICA.

Autore JS. NEWTON, Trin. Coll. Cantab. Soc. Matheseos
Professore Lucasiano, & Societatis Regalis Sodali.

IMPRIMATUR·
S. PEPYS, Reg. Soc. PRÆSES.
Julii 5. 1686.

LONDINI,
Jussu Societatis Regiæ ac Typis Josephi Streater. Prostant Venales apud Sam. Smith ad insignia Principis Walliæ in Cœmiterio
D. Pauli, aliosq; nonnullos Bibliopolas. Anno MDCLXXXVII.

《原理》出版前资金一度不足，牛顿又饱受胡克等人批判，该书出版之路可谓备受坎坷，最终在1687年7月顺利出版。《原理》是一部用数学方法解说"世界框架"的划时代巨著。它极大地提高了牛顿的声望，但内容晦涩难懂，当时能够看懂它的人少之又少。

什么是《原理》？

《原理》全书分为三部，用数学方式通过各种定义和法则阐述论证了物体的运动和作用于物体的力。

第一部以"物体的运动"为题，论述了在无摩擦和阻力情况下物体的运动，证明了行星运行轨道是椭圆，且行星与太阳间的引力与其距离平方成反比等。

第二部在第一部的基础上，论述了在空气和水等阻力下物体的运动。

第三部为"论宇宙的系统"，也是最受关注的内容，在万有引力定律的基础上，他又讨论了包括地球在内的太阳系天体。

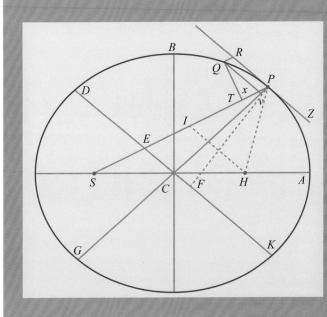

如原图所示，原理认为行星的运动轨道是椭圆，"重力与物体间距离的平方成反比"。该著名原图也曾出现在1英镑纸币上。原理由如图所示的复杂证明构成。

书中完全没有使用微积分？

现在如果想求切线、行星轨道扫过的面积，需要使用微积分。但每当遇到需要使用微积分证明的一类问题，牛顿在书中都尽量避免使用微积分。

牛顿没有用坐标，而采用了所谓几何的方法，通过图形操作进行求解。不管是求速度，还是求面积，书中都没有使用微积分。

牛顿当时已经掌握了微积分的计算方法，但即便如此，为何他依然不愿使用微积分呢？又或者牛顿打算先用微积分来证明，之后再用微积分之外的方法呢？

对此，致力于牛顿流率法研究的日本大正大学高桥秀裕教授作出如下推测。高桥教授认为，"牛顿在撰写《原理》时，对充满数学严谨性、美学优雅和直观特点的古希腊数学给予高度赞扬，并批判性地继承了笛卡儿的思想，以及笛卡儿使用坐标解决问题的解析几何等数学观点。牛顿的数学思想发生了变化，把微积分看作解析数学。这可能是他在《原理》中没有使用微积分的最大原因"。

同时，高桥教授还指出，"在《原理》的手稿中，没有发现牛顿使用微积分的印迹，说明牛顿最初就打算用几何学的方法进行证明"。

但《原理》中并不是完全没有微积分出现，书中也有关于微积分（流率法）的详细论述。但高桥教授认为，"虽然主要的证明没有使用微积分，书中却体现了微积分的思想"。

出现牛顿对微积分不理解的误解

《原理》中没有使用微积分的这一事实对牛顿与莱布尼茨之间关于微积分发明权之争也产生了影响。莱布尼茨一方在控诉材料中反驳道，"牛顿不能正确理解微积分，所以没有在《原理》一书中使用"。

对于这一点，高桥教授提出，"认为牛顿不能理解微积分是错的，牛顿对于微积分有非常深刻的理解。莱布尼茨研究的微积分标记方式优于牛顿，但牛顿使用独自创立的'广义二项式'求解三角函数等复杂函数，扩大了微积分应用范围。从这一点来看，牛顿的数学技巧比莱布尼茨更胜一筹"。

探寻"无限",不断完善微积分的数学家

牛顿与莱布尼茨于17世纪创立了微积分,但创立之初的微积分存在着"缺点",即微积分对其基础概念,如"无限"的定义缺乏清晰的认识,这是严谨数学中的一大漏洞。终于,在19世纪之后,数学家成功解释了无限的概念,填补了这一逻辑"漏洞"。接下来,就让我们了解继牛顿之后,以"无限"为目标,不断推动微积分发展的数学家的奋斗史吧!

执笔 **高桥秀裕**
日本大正大学人文学部教授

17世纪,笛卡儿、帕斯卡、费马、牛顿、莱布尼茨等创造性天才横空出世,所以该时期又被称为"天才的世纪"。与此相对,18世纪也屡屡被后世称为"英雄的世纪"。

进入18世纪,伯努利家族、欧拉、达朗贝尔、拉格朗日、拉普拉斯等学者把数学和力学相结合,扩大了微积分在力学方面的运用范围和计算能力。比起数学的严密性,他们更加重视科研结果的实践性,并在不同领域进行大胆地尝试。"前进吧,前进将使你产生信念",这句经典名言便出自达朗贝尔之口。

但同时,牛顿和莱布尼茨独立创立的微积分不够严谨,其基本概念,如无穷小量的定义(Δx 既是0,又不是0)混乱不清。于是,研究者为了"搭建"更加严谨的微积分的基础,继牛顿之后,科学界开启了围绕"无限小"的讨论。

本文将从爱尔兰哲学家、大教主乔治·贝克莱(1685~1753)针对无限小、流率的"贝克莱悖论"开始说起。

数学批判者贝克莱

那些从事微积分严谨性研究的数学家,不得不面对作为启蒙主义时代最尖锐的哲学家之一——乔

治·贝克莱的"进攻"。1734 年，贝克莱在出版的《分析学家：或一篇致一位不信神数学家的论文》小册子中，向当时劝说牛顿撰写《原理》的埃德蒙·哈雷进行批驳，在数学家间引发了激烈讨论，最终极大地影响了整个英国数学界。

贝克莱并不否认微积分在解决复杂几何学问题和力学问题方面的作用，他的目的在于公开和批判由牛顿、莱布尼茨分别独立创立的"新解析"（微积分学）基础的逻辑漏洞。他站在神学的立场，对信奉理性主义、启蒙主义的近代学者提出如下反问："高举理性主义的人们啊，我知道你们心中对解析法的激情，但即便如此，微积分中确实存在逻辑上的重大漏洞。如此放置不管，只批判教会教义的不合理性合适吗？"

约翰·伯努利

瑞士数学家，与哥哥一起同莱布尼茨进行书信交往，对微积分的发展作出贡献。伯努利家族在数学、物理方面有卓越的天赋，老伯努利的三个儿子都是数学教授。其中二儿子丹尼尔·伯努利创立了流体力学中知名的"伯努利原理"。

贝克莱认为不论什么理由都无法合理解释无限小或流率存在的合理性。因为"不管比例是两个有限量的极限，还是不确定的 0/0（无限小量，既是 0 又不是 0），逻辑上存在矛盾。所以，无限小量等概念无法成立"。

同时，贝克莱还从逻辑观点对解析学家进行了抨击。例如，他指责牛顿在求切线斜率的运算中，用"o"表示无限小的"微小时间"。开始时假设"$o \neq 0$"，对等号两边同时除以 o，但最后又改令

"$o=0$"，并在乘法计算中抹去了 o 的存在。从而可见逻辑的矛盾性。因此，贝克莱嘲笑"无限小量"是"已死量的幽灵"。

贝克莱认为，"流率不可解，因此二阶、三阶、四阶流率更不可解"。他的数学批判是反对牛顿理论的代表，贝克莱的结论指出，微积分作为唯一实践性较高的科学，却轻视了数学本身的价值，认为解析学（微积分）让人们走上无信仰和曲解哲学的道路。

牛 顿 最 优 秀 的 学 生 —— 科

林·麦克劳林（1698~1746）对贝克莱的批判提出了最具权威性的反驳观点。麦克劳林在其著作《流数论》（1742 年）中维护了牛顿的学说，认为"无限小量"只是牛顿用于证明微积分法的简化观点。即便不使用概念模糊的无限小量，在阿基米德严谨的论证法和运动学的直观方法基础上，也可以论述微积分学基础。麦克劳林的观点在当时受到了英国众多数学家的认可，但围绕微积分严密性的争论并没有因此停歇。

莱布尼茨的继承者，不断拓宽微积分领域

牛顿和莱布尼茨分别把独立发现的微积分法称为"流数法"（methodus fluxionum）和"微分计算和求和计算"（calculi differentialiset summatorius）。"积分计算"一词来自莱布尼茨的继承者伯努利兄弟（哥哥雅各布·伯努利和弟弟约翰·伯努利）。我们如今使用的"微积分学"一词，其实是来自莱布尼茨继承者的贡献。

1696 年，世界上第一版微积分教科书《阐明曲线的无穷小分析（第一部 微分计算）》出版。作者是法国贵族洛必达侯爵（1661~1704），曾发表著名的"洛必达法则"。实际上，第一部中的内容都来自约翰·伯努利（1667~1748）给洛必达的讲义中"微分运算"的内容。洛必达曾打算在第二部中刊登积分运算的内容，但未能实现。最终，1742 年，约翰·伯努利自行发布了相关内容。

不管书籍最终由谁出版，莱布尼茨派的微积分法以"无穷小的解析"之名，统一了微分运算和积分运算。因洛必达著作的出版，微积分的内容正式在法国普及推广。

18 世纪"数学王者"欧拉的出现

18 世纪，莱布尼茨—伯努利的无穷小分析理论取得了巨大发展，其中做出巨大贡献的数学家是约翰·伯努利的学生。他就是被称为 18 世纪"数学王者"的莱昂哈德·欧拉（1707~1783）。

欧拉出生于瑞士巴塞尔，其父是基督教牧师。自幼受父亲影响，欧拉入读巴塞尔大学，在那里结识了担任数学教授的丹尼尔·伯努利，并展露其数学天赋，之后作为数学家投身研究道路。

欧拉是理所应当的"数学王者"，拥有空前丰富的著作。1907 年是欧拉诞辰 200 周年，瑞士启动了编辑出版欧拉全集的计划。出版计划至今尚未完成，据说还在推行中。其中，欧拉最杰出的数学著作——1744 年出版的《寻求具有某种极大或极小性质的曲线的方法或最广义的等周问题的技巧》常作为出版备选书目。该著作阐述了等周问题和最速降线问题，并探寻了微分方程式相关的"变分法"学问的确立。

于 1748 年出版的《无穷分析引论（上下卷）》是具有划时代意义的微积分入门书籍。标题选用"无穷解析"而非"无穷小量解析"，由此可推断欧拉的"无穷"概念包含了"无穷小"和"无穷大"。那么，欧拉所认为的"无穷世界"的真相究竟是怎样的呢？

值得关注的是，欧拉在《无穷分析引论》中首先从"函数"的定义开始写起。而这是前文提及的洛必达法则中并没有的概念，欧拉认为函数的概念是微积分学习最基本的概念，必须引起重视。

莱布尼茨曾把拉丁语 *functio* 定义为"曲线切线和相关量"，但欧拉则首次在《无穷分析引论》中明确"解析表示"（*expressio analytica*）的函数概念。

《无穷分析引论》中最有影响力的内容在于书中讨论了包括指数函数、对数函数及三角函数等"函数问题"。欧拉创立了独立的标记符号和概念，并熟练掌握无穷乘积展开证明等，为数学发展做出了诸多贡献。例如，欧拉导入虚数单位"$\sqrt{-1}$"，并创立了著名的欧拉公式 $e^{\pm\sqrt{-1}}=\cos v\pm\sqrt{-1}\sin v$（恒等式）。虚数单位"$\sqrt{-1}$"后被"i"替换。

此外，欧拉还发表了《微分学原理》（1755 年）及《积分学原理》（全三册，1768~1770 年）。《微分学原理》从微分运算的定义入手，并把《无穷分析引论》中提及的函数定义广义化。《积分学原理》从积分定义入手，在众多领域解析微分方程式，最终用偏微分方程式的讨论进行了总结。

欧拉的三大著作(《无穷分析引论》《微分学原理》《积分学原理》)是 18 世纪后半叶数学家的重要参考书,并在法国大革命之后一直到 19 世纪的很长一段时间内被当作教材典范。

法国革命给数学带来变化

作为 18 世纪向 19 世纪过渡时期的一大特点,法国大革命给数学史带来了根本性变革,其中包括对数学研究的巨大改变。与 17 世纪相同,从本质上来说,18 世纪的人们主要在研究院内进行真正的数学研究,而非大学校园。法国大革命之后,这一情况在法国发生了根本性改变。培养技术人员的工艺学校——巴黎综合理工学院和培养教师的师范学校——法国国立高等师范学校的设立可谓法国大革命科学思想最初的建设性成果。

1787 年,生于意大利都灵的法国数学家约瑟夫·路易斯·拉格朗日(1736~1813)于 1794 年法国大革命后,在巴黎综合理工学院任教。在那里,他对至今未解的微积分基础问题进行了研究。

代数解析数学的完成者
——拉格朗日

1755 年,"数学王者"欧拉在圣彼得堡寄给拉格朗日的书信中

莱昂哈德·欧拉

瑞士数学家,曾就读于巴塞尔大学,师从数学教授约翰·伯努利,表现出极高的数学天赋。31 岁左右,他的眼部不幸感染,右眼失明,60 岁时则双目失明。欧拉不仅是一位数学家,更在力学、天文学、光学等领域作出了杰出贡献,并留下了几十本著作,以及近 900 页篇幅的论文。除专业的研究论文外,他还出版了众多普及类科学书籍。
欧拉曾应邀为德国公主函授自然科学知识,这些通信被整理成书,并被译成多国语言而备受关注。

如此写道,"能够作为柏林的继承者——本世纪最优秀的数学家的老师,我感到十分自豪"。1766 年,拉格朗日接替欧拉担任柏林科学院物理数学所所长。

拉格朗日把函数概念作为自己的研究主题,微分、流率及极限并不在其研究范围之内。

1722 年,拉格朗日在初期的论文和综合理工学院讲义的基础上,汇总出版了《解析函数论》(1797 年),并通过纯粹的代数方法定义并证实,任何一个函数 $f(x)$ 均可用泰勒展开式中的幂指数来表示。

$$f(x+i)=f(x)+f'(x)i$$
$$+\frac{f''(x)}{2!}i^2+\frac{f'''(x)}{3!}i^3+\cdots$$

拉格朗日假设所有函数 $f(x)$ 都可以展开为级数,则

$$f(x+i)=f(x)+pi+qi^2+ri^3+\cdots$$

计算系数为 p、q、r,便可得如上泰勒级数展开。

这里的 p、q、r 是不依赖于 i 的关于 x 的新函数。第一个函数 p 由函数 $f(x)$ "导"出,拉格朗日把其称为"导函数",写为 $f'(x)$。同样,$f'(x)$ 的导函数是 $f''(x)$,$f''(x)$ 的导函数是 $f'''(x)$。

18 世纪的数学家曾担心无穷

小量的不严谨问题，会导致微积分分崩离析。而拉格朗日的证明却对此给予了一定的支持。拉格朗日对微积分学基础问题的关心，驱使他只运用代数来推导验证微积分学。拉格朗日最突出的贡献就是使微积分脱离几何学，建立在代数的基础上。

另外，拉格朗日的思路还有一个优点，那就是只把焦点集中在某个函数及其"导函数"的概念上。即，$f(x)$ 的导函数是关于 $f(x)$ 进行代数操作所能获得的其他函数，并通过"泰勒定理"假设证明，得出函数是从导函数所得。拉格朗日的证明虽然并不完善，但他对微

积分学进行了新尝试，在用数学观点看待函数问题方面迈出了巨大的一步。

长期以来，拉格朗日对微积分学的基础问题保持着浓厚兴趣，除了该问题与他本身的数学研究相关，更与18世纪知识社会对数学的普及这一教育性问题相关。

拉格朗日曾在培养专业技术人员的巴黎综合理工学院任教。在那里，他开始用系统的方法来教授高深的数学。当然，教科书也是必不可少的。为了撰写微积分学的权威教科书，拉格朗日对基本概念和诸命题系统的表现进行反复琢磨。于是，"教科书作者"拉格朗日选择

在著名的代数规则的基础上创立微积分学。

继拉格朗日之后，西尔维斯特·弗朗索瓦·拉克洛瓦（1765~1843）接手巴黎综合理工学院的工作，并出版三卷本《微积分学教程》。书中吸收了牛顿、莱布尼茨、欧拉、拉格朗日等数学家的研究成果，便于学生研究数学文献。

但在那之后，拉格朗日的理论遭到了猛烈的抨击。他的观点是纯代数观点，而不依赖几何学直观表述。他展示的微积分学的基础（有限量的代数解析），在当时的数学家看来并非完全合理。尽管如此，拉格朗日对无穷小进行了严谨思考，并对函数展开了全面研究，这对后起之辈的柯西产生了巨大的影响。

其著作《解析函数论》的书名便是他本人观点的最好总结。"他的观点回避了关于无穷小量或消失的量、极限或流率等概念，将其归结于有限量的代数类解析，是包含微分运算原理的解析函数的理论"。

另外，拉格朗日在变分法方面也有独创性研究。似乎有意纪念牛顿的《原理》发行100周年，拉格朗日于1788年发行了《解析力学》。拉格朗日采用体现了莱布尼茨观点的18世纪解析学的方法，从根本上改写了牛顿的

约瑟夫·拉格朗日

拉格朗日生于意大利，是法国著名数学家。除了微积分学的研究，他在天体力学、方程论、数论等领域都作出了巨大贡献。很多定理和公式都是以他的名字来命名的，如"拉格朗日点""拉格朗日乘数法"等。他对国际公制的确立也发挥了指导性作用。

《原理》。

19 世纪，微积分终于被严谨定义

之后到了 19 世纪上半叶，在拉格朗日观点的基础上，数学界开启了"代数分析严谨化运动"，人们把微积分从几何直观概念中完全解放出来，并使其发展成严谨独立的学科。努力推进这一进程的代表数学家之一就是毕业于巴黎综合理工学院后留校任教的奥古斯丁·路易·柯西（1789~1857）。

柯西自 1813 年在巴黎综合理工学院任教时就开始了对分析学基础的全面研究，并在 1821 年出版了具有划时代意义的教科书——《国立巴黎综合理工学院分析学教程（第一部 代数分析）》（简称《分析教程》）。

对柯西来说，建立新基础的关键是"极限"的概念。他在《分析教程》中最开始对极限下定义，把无穷小量定义为极限为 0 的变量。然后，用极限和无穷小的概念来定义连续函数。柯西的《分析教程》中大部分的内容都是级数收敛。他使用级数概念进行讨论，并导入广为人知的"柯西收敛原理"。

柯西的极限概念中最有名的理论当属"$(\varepsilon \text{-} \delta)$ 推论"（*epsilon-delta* 推论），它首次出现在 1823

奥古斯丁·路易·柯西
法国数学家，致力于微积分学的严格化，给微积分学研究开辟了一条新道路。在数学领域作出众多导数分析的相关成就，此外，他在物理学领域还发表了众多关于光的波动等理论。

年出版的《国立巴黎综合理工学院无穷小分析教程概论》中。柯西使用该论证方法，回避了"无限"和"接近"等模糊概念的使用，终于严格定义了导函数。

在《无穷小分析教程概论》的第二部中，柯西也对积分运算进行了讨论。与 18 世纪数学家提出的"积分运算是微分运算的逆运算"不同，柯西使用和的极限，为连续函数的积分赋予了更加严谨的定义。

柯西对解析学（微积分学）的严格化"革命"，尝试把与古希腊阿基米德无穷小几何相媲美的严密性也应用于无穷小代数分析中。如

此，柯西的学术成果传播至法国及整个欧洲。但这并不意味分析学已经发展到如今的水平。1830 年之后，19 世纪数学的中心从法国转移到德国，微积分在许多领域大放异彩的同时也获得了巨大飞跃。

3 想了解更多！微积分的应用

微积分是牛顿等众多学者的学术结晶。在实际生活中，微积分的使用给我们的生活带来很多益处。本章作为发展篇，前半部分将主要介绍使用微积分解决具体问题的方法，后半部分将介绍难度较高的"微分方程式"和"数值微分"，内容涉及部分高等教育课程，相信大家一定可以感受到微积分的"威力"和"深奥"！

124　**PART 1　基础篇**

144　**PART 2　发展篇**

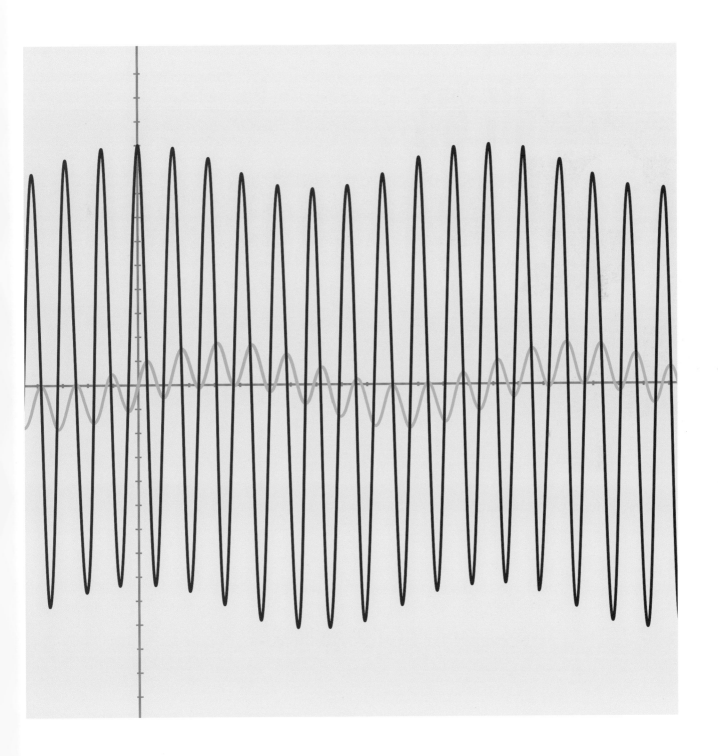

3

微积分的应用

. . . .

PART 1

基础篇

本部分将对微分和积分的基本公式和计算问题进行讲解。首先，最重要的便是熟记微分和积分公式的使用，以"备战"大学入学考试。接下来，尝试求解箱子的最大容积问题，以及玻璃瓶的容积问题。最后，思考垂直落体运动、匀速圆周运动、椭圆运动这三类运动问题。最后，用微分的方法证明牛顿在《原理》中以几何方式证明的"万有引力定律"。

126 微积分公式集

132 用微积分解决问题①～②

136 Topics

　　微积分和力学

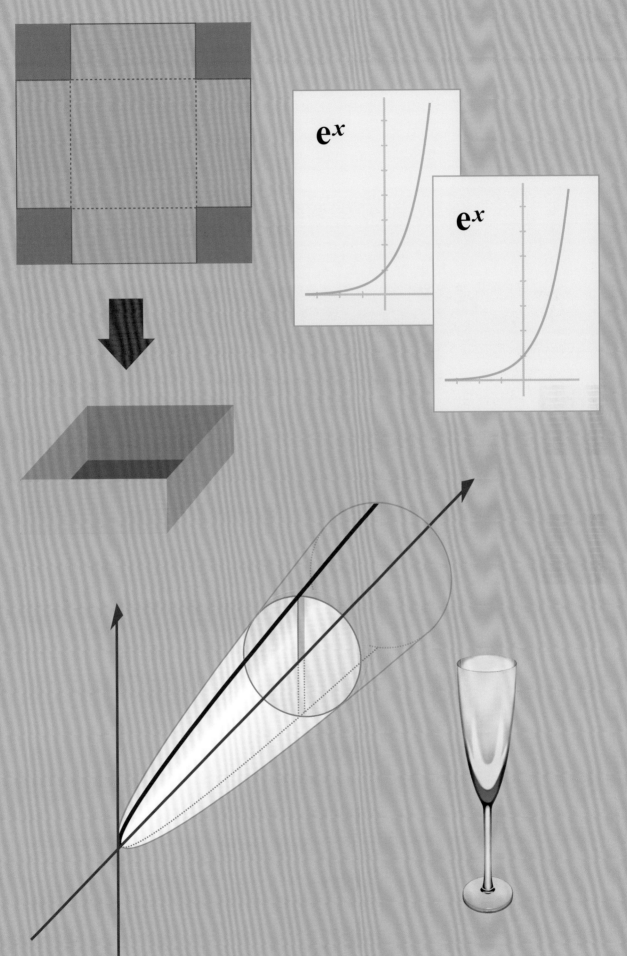

熟记公式
向考试发起挑战吧！

微积分
公式集

如果理解了微分与积分的计算，就可以了解更深奥的世界。接下来，将会介绍微分与积分中极其重要的公式。

重要公式1 ax^n 的微分　　**把 n 放到前面，并把指数减1**

② 把指数 n 减1

$$ax^n \xrightarrow{\text{微分}} anx^{n-1}$$

① 把指数的 n 放到前面

n 是自然数（1，2，3……）的情况

$$2x^3 \xrightarrow{\text{微分}} 2 \cdot 3 \cdot x^{3-1}$$

指数3放到前面
把指数3减1

$$= 6x^2$$

"·"与"×"同样是表示乘法运算

拓展 n 即使是负数、分数、虚数也成立

$$2x^{-3} \xrightarrow{\text{微分}} 2 \cdot (-3) \cdot x^{-3-1}$$

指数-3放到前面
把指数-3减1

$$= -6x^{-4} = -\frac{6}{x^4}$$

多项式里也能使用

$$\underset{\text{项}}{\underline{2x^2}} + \underset{\text{项}}{\underline{3x}}$$

把数字和字母以乘积的形式来表示，称为项。由两个以上的项通过加减运算形成的式子叫多项式。

$$\underline{2x^2} + \underline{3x}$$

$$\xrightarrow{\text{微分}} \underline{2 \cdot 2 \cdot x^{2-1}} + \underline{3 \cdot 1 \cdot x^{1-1}}$$

$$= 4x + 3x^0$$

$$= 4x + 3$$

分别对红与蓝的项微分。

把指数2放到前方，指数2减1。

把指数1放到前方，指数1减1。

x 的0次方是1。

重要公式2 常数的微分　　**把不包含 x 的常数项微分后会变为0**

$$a \xrightarrow{\text{微分}} 0$$

定数

$$\underline{3x^2} + \underline{5x} + \boxed{2}$$

$$\xrightarrow{\text{微分}} \underline{3 \cdot 2 \cdot x^{2-1}} + \underline{5 \cdot 1 \cdot x^{1-1}} + 0$$

$$= 6x + 5x^0$$

$$= 6x + 5$$

分别把红色、蓝色和紫色的项微分。整数2微分后变为0。
把指数2放到前方，指数2减1。
把指数1放到前方，指数1减1。

x 的0次方是1。

把 sin *x* 和 cos *x* 微分 4 次后会变为原样！

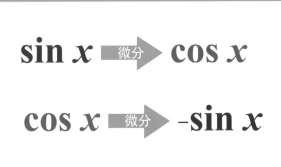

$$\sin x \xrightarrow{\text{微分}} \cos x$$

$$\cos x \xrightarrow{\text{微分}} -\sin x$$

何为 sin *x*、cos *x*？

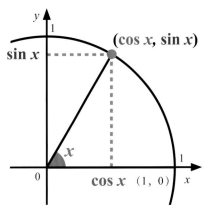

设想在半径为1的圆周上把点（1，0）逆时针旋转，转动角度为 *x* 时，点的 *x* 坐标为 cos*x*、*y* 坐标为 sin*x*。

x 转一周（360°）为 2π，这是以弧度的单位来表示的角度。

看一下坐标图！

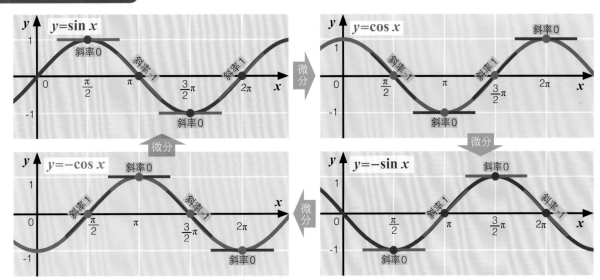

展开公式

除第126~131页介绍的公式之外，还有很多能够有效提高计算效率的公式。如下，是数学教材中的几种公式。

积的微分公式

$$f(x)\cdot g(x) \xrightarrow{\text{微分}} f'(x)\cdot g(x) + f(x)\cdot g'(x)$$

商的微分公式

$$\frac{f(x)}{g(x)} \xrightarrow{\text{微分}} \frac{f'(x)\cdot g(x) - f(x)\cdot g'(x)}{\left\{g(x)\right\}^2}$$

合成函数的微分公式

$$f(g(x)) \xrightarrow{\text{微分}} f'(g(x))\cdot g'(x)$$

对数的微分公式

$$\log x \xrightarrow{\text{微分}} \frac{1}{x}$$

三角函数的微分公式

$$\tan x \xrightarrow{\text{微分}} \frac{1}{\cos^2 x} \qquad \frac{1}{\tan x} \xrightarrow{\text{微分}} -\frac{1}{\sin^2 x}$$

部分积分公式

$$f(x)\cdot g'(x) \xrightarrow{\text{积分}} f(x)\cdot g(x) - \int f'(x)\cdot g(x)\,\mathrm{d}x$$

置换积分公式

$$f(x) \xrightarrow{\text{积分}} \int f(g(t))\cdot g'(t)\,\mathrm{d}t$$

指数函数的积分公式

$$a^x \xrightarrow{\text{积分}} \frac{a^x}{\log a} + C$$

对数函数的积分公式

$$\frac{1}{x} \xrightarrow{\text{积分}} \log|x| + C$$

三角函数的积分公式

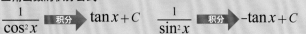

$$\frac{1}{\cos^2 x} \xrightarrow{\text{积分}} \tan x + C \qquad \frac{1}{\sin^2 x} \xrightarrow{\text{积分}} -\tan x + C$$

重要公式4　e^x 的微分

e^x 微分后还是 e^x !

e^x 无论微分几次还是 e^x

什么是自然常数 e？

自然常数 e 是 2.718281828459045…小数点后无限不循环的数。据说是瑞士数学家雅各布·伯努利（1654 ~ 1705）发现的。

若把 a^x 微分，后面会乘上 $\log_e a$

既然已经在重要公式4中介绍了 e^x 的微分，那么 e 以外的数的情况，即 a^x 的微分也一起介绍一下吧。如果把 a^x 微分，会得到 $a^x \log_e a$ 这一结果。后面乘有一个 $\log_e a$。$\log_e a$ 是什么呢？

3 的几次方是 5？要回答这个问题是很困难的。此时，可以使用 $\log$ 将其表示为 $\log_3 5$。也就是说，$\log_e a$ 表示的是"e 的几次方为 a"的数。因为 $e^1 = e$，所以 $\log_e e$ 为 1。因此，e^x 微分后也是 e^x。

重要公式5　ax^n 的微分

指数加上 1，并用系数除以这个数

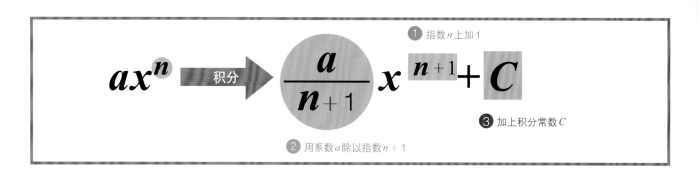

① 指数 n 上加 1

$$ax^n \xrightarrow{\text{积分}} \frac{a}{n+1} x^{n+1} + C$$

③ 加上积分常数 C

② 用系数 a 除以指数 $n+1$

n 是自然数（1，2，3……）的情况

用把 S 拉伸后得到的积分符号与 $\mathrm{d}x$ 来把某个函数夹在中间所产生的式子，表示的是求这个函数对 x 的积分的意思。

$$\int 2x^3 \,\mathrm{d}x = \frac{2}{3+1} x^{3+1} + C$$

指数的 3 加上 1，用系数除以这个数，加上积分常数 C。

$$= \frac{2}{4} x^4 + C$$

分母与分子各除以 2 来约分。

$$= \frac{1}{2} x^4 + C$$

多项式里也能使用

$$\int (2x^2 + 3) \,\mathrm{d}x$$

$$= \frac{2}{2+1} x^{2+1} + \frac{3}{1} x^{0+1} + C$$

$$= \frac{2}{3} x^3 + 3x + C$$

指数 2 加上 1，用系数除以这个数，

常数 3 化成 $3x^0$，指数 0 加上 1，用系数除以这个数，加上积分常数 C。

把 $\sin x$ 积分会变成 $-\cos x$
把 $\cos x$ 积分会变为 $\sin x$

$$\sin x \xrightarrow{\ \text{积分}\ } -\cos x + C$$

加上积分常数 C

$$\cos x \xrightarrow{\ \text{积分}\ } \sin x + C$$

加上积分常数 C

重要公式7　e^x 微分　　e^x 积分还是 e^x

$$e^x \xrightarrow{\ \text{积分}\ } e^x + C$$

加上积分常数 C

试着做做！

(1) 试着把下面的式子微分！

① $5x^3$

② $x^3 - 2x^2 + 4x$

③ $4x^2 + 5$

④ $-3x^3 + 2x^2 + 6x - 8$

⑤ $\sin x + \cos x$

⑥ 2^x

⑦ $5^x + e^x$

(2) 试着把下面的式子积分！

① $\displaystyle\int 5x^2 \mathrm{d}x$

② $\displaystyle\int (3x^3 + 4x)\,\mathrm{d}x$

③ $\displaystyle\int (2x^2 - 4x + 6)\,\mathrm{d}x$

④ $\displaystyle\int (\sin x - \cos x)\,\mathrm{d}x$

⑤ $\displaystyle\int (-\sin x + e^x)\,\mathrm{d}x$

答案　(1) ① $15x^2$　② $3x^2 - 4x + 4$　③ $8x$　④ $-9x^2 + 4x + 6$　⑤ $\cos x - \sin x$　⑥ $2^x \log_e 2$　⑦ $5^x \log_e 5 + e^x$
(2) ① $\dfrac{5}{3}x^3 + C$　② $\dfrac{3}{4}x^4 + 2x^2 + C$　③ $\dfrac{2}{3}x^3 - 2x^2 + 6x + C$　④ $-\cos x - \sin x + C$　⑤ $\cos x + e^x + C$

把 b 代入原始函数 $F(x)$ 的式子减去把 a 代入 $F(x)$ 后的式子

$$\int_a^b f(x)\,\mathrm{d}x = \left[F(x)\right]_a^b = F(b) - F(a)$$

对 $f(x)$ 积分推导出 $F(x)$　　　　　　把 b 代入 x 后得到的式子减去把 a 代入 x 后得到的式子

从图表来看看!　定积分表示面积

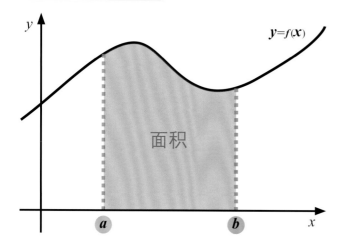

我们将把S 在纵向上拉长得到的符号积分号的上下写上数字的数学式称为定积分。相反，在重要公式5中出现的那种只有积分号的式子，被称为不定积分。

$f(x)$ 的定积分指的是求由 $f(x)$ 与 x 轴，以及直线 $x = a$ 与 $x = b$ 所围成的像左图蓝色区域面积的意思。

但是，如果 $y = f(x)$ 在 x 轴下方[即 $f(x)$ 是负值]，这个区域的面积会被计算为负值。

$$\int_2^4 (2x^3 + 3x + 4)\,\mathrm{d}x$$

对红色、蓝色、棕色的项分别积分

红色项：指数3 加上1，用系数除以这个数。
蓝色项：指数1 加上1，用系数除以这个数。
棕色项：看作是 x^0，指数0 加上1，用系数除以这个数。
加上积分常数 C。

$$= \left[\frac{2}{3+1}x^{3+1} + \frac{3}{1+1}x^{1+1} + \frac{4}{1}x^{0+1} + C\right]_2^4$$

$$= \left[\frac{2}{4}x^4 + \frac{3}{2}x^2 + 4x + C\right]_2^4$$

$$= \left[\frac{1}{2}x^4 + \frac{3}{2}x^2 + 4x + C\right]_2^4$$

$$= \left(\frac{1}{2}\cdot 4^4 + \frac{3}{2}\cdot 4^2 + 4\cdot 4 + C\right) - \left(\frac{1}{2}\cdot 2^4 + \frac{3}{2}\cdot 2^2 + 4\cdot 2 + C\right)$$

用把 4 代入 x 的式子减去
把 2 代入 x 的式子

$$= (128 + 24 + 16 + C) - (8 + 6 + 8 + C)$$

积分常数 C 会因为相减被消去

$$= 168 - 22$$

因为积分常数 C 最终会被消掉，所以一般定积分一开始就不写出 C。

$$= 146$$

试着向考试挑战吧！

设 $p > 0$。在坐标平面上有抛物线 $C : y = px^2 + qx + r$ 和直线 $l : y = 2x - 1$。C 在点 $A(1, 1)$ 与 l 相切。

（1）请用 p 表示 q 与 r。经过抛物线 C 上点 A 的切线 l 的斜率为 　甲　，进而可知 $q = $ 　乙丙　 $p +$ 　丁　。
并且因为 C 过 A 点，可得 $r = p -$ 　戊　。

（2）设 $v > 1$。抛物线 C 与直线 l，以及直线 $x = v$ 所围成的图形面积 S 是
$$S = \frac{p}{\boxed{己}}\left(v^3 - \boxed{庚}\, v^2 + \boxed{辛}\, v - \boxed{壬}\right)。$$

解答范例

（1）

抛物线 C 是 $y = px^2 + qx + r$，直线 l 是 $y = 2x-1$。想知道 l 的斜率只要对 l 的式子微分就行。

$2x - 1$ ▶微分▶ 2 　　$\boxed{2}$ 甲的答案

因为抛物线 C 与切线 l 切于 A，所以抛物线 C 在点 A 的切线斜率与直线 l 相同，是2。

$px^2 + qx + r$ ▶微分▶ $2px + q$

因为把 $x = 1$ 代入时抛物线 C 的切线斜率为2，所以

$$2p \cdot 1 + q = 2$$
$$q = -2p + 2 \quad \cdots\cdots\cdots ①$$

$\underline{\quad -2 \quad}$ 乙丙的答案 　　$\underline{\quad 2 \quad}$ 丁的答案

从抛物线 C 过点 $A(1, 1)$ 可知把 $x = 1$，$y = 1$ 代入抛物线 C 的数学公式成立。

$$p + q + r = 1$$
$$p + (-2p + 2) + r = 1 \quad \text{把①式代入}$$
$$-p + 2 + r = 1$$
$$r = p - 1 \quad \cdots\cdots\cdots ②$$

$\underline{\quad 1 \quad}$ 戊的答案

（2）

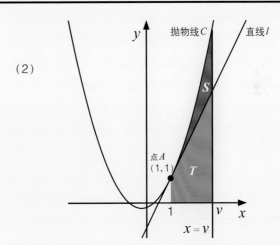

要想求面积 S 的值，只要把抛物线 C 的定积分（x 为 $1 \sim v$）求出的值（上图 S 与 T 合计的面积）减去从直线 l 的定积分（x 为 $1 \sim v$）求得的面积 T 的值即可。

$$S = \underbrace{\int_1^v (px^2 + qx + r)\,\mathrm{d}x}_{S+T\text{的面积}} - \underbrace{\int_1^v (2x-1)\,\mathrm{d}x}_{T\text{的面积}}$$

$$= \int_1^v \left[(px^2 + qx + r) - (2x-1)\right]\,\mathrm{d}x \quad \text{把两个积分合在一起}$$

$$= \int_1^v \left[px^2 + (q-2)x + r + 1\right]\,\mathrm{d}x$$

$$= \int_1^v (px^2 - 2px + p)\,\mathrm{d}x \quad \text{把①和②的式子代入}$$

$$= \left[\frac{p}{3}x^3 - px^2 + px\right]_1^v \quad \text{求积分}$$

$$= \left(\frac{p}{3}v^3 - pv^2 + pv\right) - \left(\frac{p}{3} - p + p\right)$$

$$= \frac{p}{3}(v^3 - 3v^2 + 3v - 1)$$

$\underline{\quad 3 \quad}$ 己的答案 　$\underline{\quad 3 \quad}$ 庚的答案 　$\underline{\quad 3 \quad}$ 辛的答案 　$\underline{\quad 1 \quad}$ 壬的答案

用微积分求解
如何使箱子体积最大的问题

有一长宽均为90厘米的正方形瓦楞纸，截取瓦楞纸的四角后折叠成一个纸箱（如下图所示）。尽量使其体积最大，那么四个角分别截取多大最合适呢？

首先，设截取的长度为 x（cm），

箱子的体积为 y（cm³）。则体积函数 为"$y=4x^3-360x^2+8100x$"（具体计算参照本页下方示意图），我们需要求解当 x 取何值时，y 最大。"微分"在求解过程中发挥了作用。

如图所示，一开始函数 x 越大，y 也越大。但当 x 取某个值时，y 到达最大值（坐标最高点），之后便逐渐变小（如下图所示 B）。

微分，即求切线的斜率。当 y 取最大时，切线斜率为零，即为一

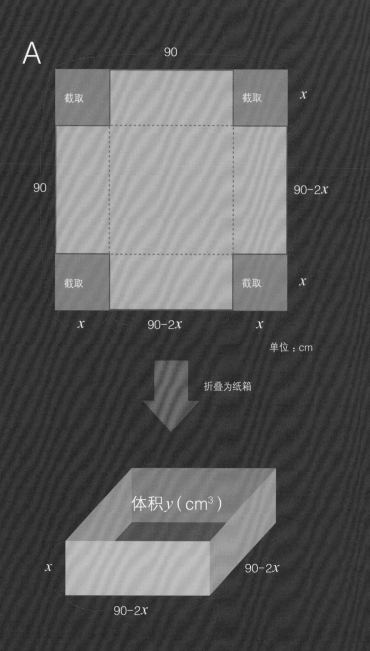

A

90

90

截取　截取

截取　截取

x

$90-2x$

x

x　$90-2x$　x

单位：cm

折叠为纸箱

体积 y（cm³）

x

$90-2x$

$90-2x$

【问题】

把边长为90厘米的正方形瓦楞纸截取如左图所示的四角，并折叠成纸箱。当截取多大时才能使其体积最大？

【1】求解表示体积的函数

如左图所示，设截取正方形的边长为 x（cm），则箱子体积 y（cm³）为：

$$y = (90 - 2x) \times (90 - 2x) \times x$$
$$= (8100 - 360x + 4x^2) \times x$$
$$= 4x^3 - 360x^2 + 8100x$$

同时，瓦楞纸的边长为90cm，所以 x 的取值范围为 $0<x<45$.

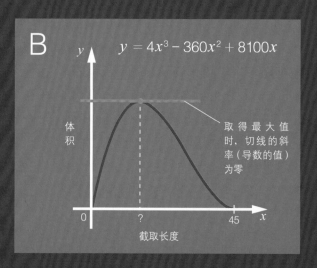

B

y

$y = 4x^3 - 360x^2 + 8100x$

体积

取得最大值时，切线的斜率（导数的值）为零

0　?　45　x

截取长度

条水平直线。于是我们可推测，微分后导数为零时，y 在 x 值处的值最大。

微分体积函数可得导函数为 "$y'=12x^2-720x+8100$"。当导函数 $y'=0$ 时，求 x 的值。求解 $y'=0$

的二次方程，当 $x=15$ 和 45 时，$y'=0$。因为瓦楞纸长为 90cm，所以 x 的值在 0~45 之间，即 x 不可能为 45。因此，当 $x=15$ 时，切线的斜率（导函数）为零，体积最大。

即便是如三次函数等的复杂函数问题，通过函数微分后求导函数，便可得到最大值，从而把握变化的规律。

【2】求解导数为零时 x 的值

下图是体积 y 的函数图示。当体积最大时，切线斜率（导数的值）为零。接下来探讨当导函数为零时 x 的值。

首先，微分体积 y 的函数，求导函数。导函数为

$$y' = (4x^3-360x^2+8100x)'$$
$$= 12x^2-720x+8100$$

（微分公式参考第 126 页）。

接下来，设 $y'=0$，求 x 的值，计算过程省略。当 $x=15$ 或 45 时，$y'=0$.（如下图 C）。

【3】证明可否取得最大值

导数为零时，x 值有两个（15 和 45），但因为 $0<x<45$，所以 x 不能取 45。当导数为 0 时，x 在取值范围内只能取 15。

导数（y'）的值以 $x=15$ 为零界点，之后随着 x 增大，y 的值为负。如图，$x=15$ 时，原来的函数（y）的值最大（严谨定义为极大，参考第 24 页）。

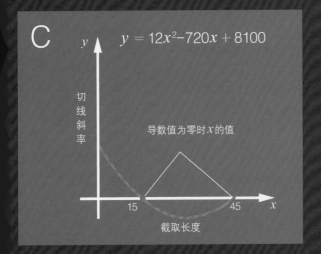

C

$y = 12x^2-720x+8100$

切线斜率

导数值为零时 x 的值

15   45 x

截取长度

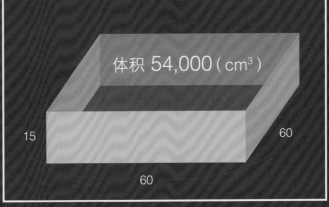

【解答】

四角截取长度为"15 厘米"，纸箱体积最大时。此时，纸箱形状和体积如下图所示。

体积 54,000（cm³）

15   60

60

香槟酒杯的体积有多大

积分不仅能求出圆和球的体积（详见第 38 页），还能求出形状更复杂的立体体积。例如，假设有如下图 A 所示形状的香槟酒杯，则一杯酒能装多少香槟呢？接下来就让我们一起计算杯子的体积吧。

如图 B 所示，水平截取玻璃杯，截得"圆"截面。把贯穿玻璃杯中心的线设为 x 轴。如果知道从 x 轴到玻璃杯边缘（内壁）的长度（y），就能求出横截面的面积（πy^2）。设截面圆盘的轻薄厚度为 dx，根据横截面积（πy^2）× 厚度

（dx）就可计算出圆盘的体积。从底部开始相加薄圆盘的体积，就能得到玻璃杯的体积。

例如，设玻璃杯纵截面曲线为 "$y = \dfrac{2}{3}\sqrt{x}$"（如右页图 C 所示）。此时，玻璃杯底到杯口的距离为 x（厘米），杯子中心到内壁的距离为

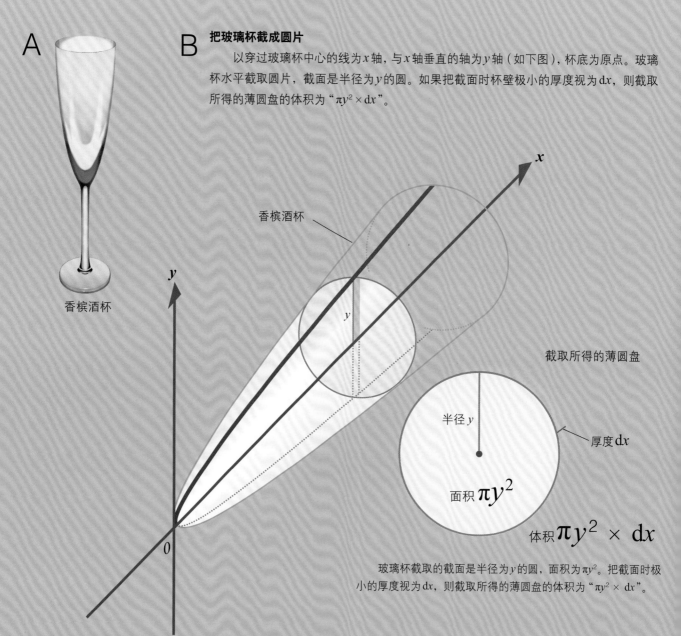

A

香槟酒杯

B **把玻璃杯截成圆片**

以穿过玻璃杯中心的线为 x 轴，与 x 轴垂直的轴为 y 轴（如下图），杯底为原点。玻璃杯水平截取圆片，截面是半径为 y 的圆。如果把截面时杯壁极小的厚度视为 dx，则截取所得的薄圆盘的体积为 "$\pi y^2 \times \mathrm{d}x$"。

x

y

香槟酒杯

y

0

截取所得的薄圆盘

半径 y

厚度 dx

面积 πy^2

体积 $\pi y^2 \times \mathrm{d}x$

玻璃杯截取的截面是半径为 y 的圆，面积为 πy^2。把截面时极小的厚度视为 dx，则截取所得的薄圆盘的体积为 "$\pi y^2 \times \mathrm{d}x$"。

y（厘米）。如此，可以从底部开始在 x（厘米）轴上进行任意截取，则薄圆盘的体积为 $\pi y^2 \times dx$。

"πy^2 在 0 到 6 上的积分"可以求得杯底纵深为 6 厘米的玻璃杯容积，答案为 8π（立方厘米，具体计算公式请参照下方。8π 约等于 25，所以如果把香槟倒进 6 厘米高的玻璃杯，其量约为 25 立方厘米（≈ 毫升，cc）。

积分的范围对应着可以倒多少香槟。如果指定积分的范围（注入的高度），就能知道此时香槟的量有多少。无论形状多么曲折的玻璃杯（只要体积曲线能用函数表示），都能运用这种思维方式求出体积大小。

我们生活中处处都有微积分的"身影"，或是提高求解效率，或是求体积大小等。

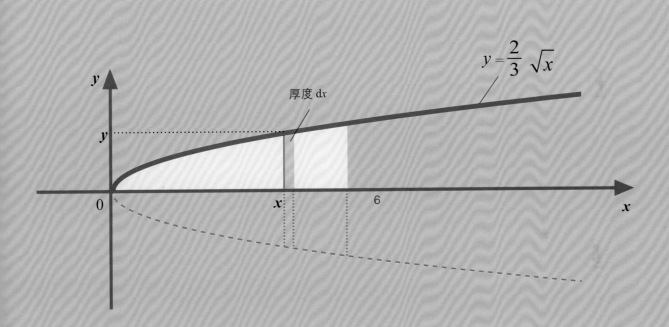

C 求杯子的容积

把截成圆截面的薄圆盘（体积 $\pi y^2 \times dx$）从底部开始相加，就可以得到玻璃杯的体积。例如，从底部到杯口 6（cm）的体积，是通过把截面形成的薄圆盘（体积 $\pi y^2 \times dx$）从底部（$x = 0$）到 6（$x = 6$）相加而得出的（如上图）。玻璃杯纵向切割时截面的曲线为

"$y = y = \dfrac{2}{3}\sqrt{x}$"。求解体积的计算如右侧公式。通过计算可知玻璃杯的体积为"8π"（= $8 \times 3.14 \approx 25$）。

$$\int_0^6 \pi y^2 dx = \int_0^6 \pi \left(\frac{2}{3}\sqrt{x} \right)^2 dx$$

$$= \int_0^6 \pi \left(\frac{4}{9} x \right) dx$$

$$= \frac{4}{9}\pi \int_0^6 x\, dx$$

$$= \frac{4}{9}\pi \left[\frac{1}{2} x^2 \right]_0^6$$

$$= \frac{4}{9}\pi (18 - 0)$$

$$= 8\pi$$

使用微积分向力学发起挑战 ——万有引力的证明

微积分和物理学联系紧密，特别是涉及物体运动问题时，微积分的重要性就凸显出来了。在此，我们来看看以下三个典型案例：自由落体运动（初级问题）、匀速圆周运动（中级问题），以及行星的椭圆运动（高级问题）。上述问题都是高中数学内容，不同问题计算复杂程度也不同，让我们一起来挑战吧！

执笔 **和田纯夫**
日本东京大学原专任讲师

微分和积分

让我们先从符号的导入，以及微分和积分的基本关系开始讲起。首先，设一函数 $F(t)$。t 之后用来表示时间的量，一开始表示某一独立的变量。F 之后用来表示物体的位置坐标及其他量，但最初是由 t 决定的某量。

设函数 $F(t)$ 的函数图（图1），横轴为 t，纵轴为 F，求解函数图某一位置 F 的变化率。所谓变化率，就是 t 发生变化时 F 的变化比例，也是 $F(t)$ 函数图的切线斜率，又称为 t 点在函数 $F(t)$ 上的 **"导数"**，用小写的 $f(t)$ 表示，即

$$f(t) = \frac{dF}{dt} \quad \cdots (1)$$

对函数 $F(t)$ 求导的过程就是微分。$F(t)$ 称为 $f(t)$ 的 **"原函数"**。

接下来，让我们思考导数 $f(t)$ 的函数图（图2）。图中斜线部分（$t=t_1$ 到 $t=t_2$ 的部分）的面积记为 $S(t_2, t_1)$。于是面积 S 用 $f(t)$ 的原函数 $F(t)$ 表示为

$$S(t_2, t_1) = F(t_2) - F(t_1) \quad \cdots (2)$$

求解函数图面积的过程称为积分，$f(t)$ 的积分就是求解原函数 $F(t)$。

总而言之，

原函数的微分——导数
导数的积分——原函数

即微分和积分是互逆运算，这就是 **"微积分学的基本定理"**。

位置和速度

之前，我们使用了很多数学用语来解释，想必大家头脑中都是抽象的概念。但如果换一种思路，站在物理的角度思考问题，就能更加清楚地把握该基础定理。

假设有一物体在直线上运动，把直线上的坐标设为 x，那么在时间 t 内物体的位置函数就可以表示为 $x(t)$。

再设物体的速度为 $v(t)$。速度，即位置的变化率，设横轴为 t、纵轴为 x。则函数图 $x(t)$ 在各时间上的切线斜率为 $v(t)$（图3）。

公式表示为

$$v = (t) = \frac{dx}{dt} \quad \cdots (3)$$

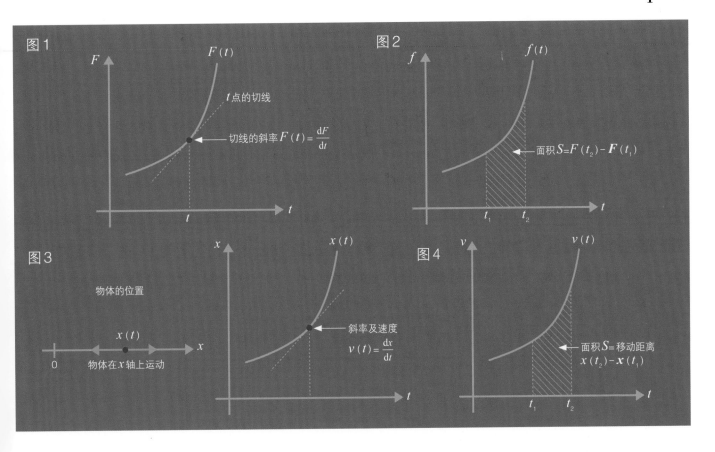

图1

F ｜ $F(t)$

t 点的切线

切线的斜率 $F'(t) = \dfrac{\mathrm{d}F}{\mathrm{d}t}$

t

图2

f ｜ $f(t)$

面积 $S = F(t_2) - F(t_1)$

t_1　t_2　t

图3

物体的位置

$x(t)$

0　物体在 x 轴上运动

$x(t)$

斜率及速度

$v(t) = \dfrac{\mathrm{d}x}{\mathrm{d}t}$

图4

v ｜ $v(t)$

面积 S = 移动距离
$x(t_2) - x(t_1)$

t_1　t_2　t

$x(t)$ 是原函数，$v(t)$ 是其导数。

那么，在一开始得知物体的速度 $v(t)$ 的情况下，如何求解物体在时间 t_1 到 t_2 的位置变化（移动距离）呢？相信大家在物理课上已经掌握移动距离就是上面图4的斜线部分的面积。如果速度一定，斜线部分为长方形，则

面积 ＝ 纵 × 横 ＝ 速度 × 时间

移动距离问题便清晰可得。

当速度不一定时，把斜线部分分割为细长的长条，如此也可得移动距离与面积相等。

如上，我们可以认为，速度 × 时间 = 距离，理解为微积分的基本定理。正如公式（3）所示，v (t) 的原函数为 $x(t)$，因此公式（2）为

函数图 v (t) 在 t_1 到 t_2 部分的面积

$$= x(t_2) - x(t_1) \quad \cdots (4)$$

因此，位置的变化（右侧）和速度的函数图面积（左侧）相等。

速度和加速度

如上是关于位置和速度关系的内容，但有关物理学角度的解读并没有结束。根据运动定律，物体的运动是由加速度决定的。

物体在不受力时，速度是一定的（惯性定律），受力时速度会发生变化。速度的变化率称为加速度，加速度与力的大小成比例（比例系数称为"质量"），

力 ＝ 质量 × 加速度 $\quad \cdots (5)$

也是"**运动的基本定律**"。

我们再来思考只在 x 方向上运动的物体。

设物体在任意时间点 t 的位置函数为 $x(t)$，速度为 $v(t)$，那么加速度为 $a(t)$。

加速度是速度的变化率，所以

$$a(t) = \dfrac{\mathrm{d}v}{\mathrm{d}t} \quad \cdots (6)$$

其中，$v(t)$ 是原函数，$a(t)$ 是其导数。对速度 $v(t)$ 进行微分，可得加速度为 $a(t)$。

此外，积分关系为

函数图 a (t) 在 t_1 至 t_2 部分的面积

$$= v(t_2) - v(t_1) \quad \cdots (7)$$

总结以上三个量，可得**图5**。

物理学中的问题假设多种多

样。假设当力为 F 时，物体如何运动？

如果任意时刻力为 F，根据公式（5）得加速度为 $a(t)$。于是，根据原函数求解可得速度为 $v(t)$。但原函数中因为积分常数存在而具有不确定性。也就是说，设定原函数 $v(t)$ 时，$v(t)+C$（常数）也是原函数。因为微分后常数 C 消失，所以无法得到导数。C 一般通过原始条件即可确定。给出"出发时刻为 t_1 时的速度"这一条件，就可得到 C 的值。

速度 $v(t)$ 一定时，其原函数即为位置 $x(t)$。这种情况也存在常数积分问题，但同样通过原始条件（出发时刻为 t_1 时的位置）确定。

伽利略落体定律

让我们一起来思考简单的力学问题——自由落体问题。伽利略最先开始这项研究，在反复实验后，他得出如下结论：静止状态下，物体下落的距离与其时间的平方成比例。这就是"**伽利略落体定律**"。

物体下降的位置为 $x=0$，向下的方向为 $+x$ 方向（$+x$），下落时刻为 $t=0$（图6），则

下落距离 $x(t)=Kt^2$

K 为比例常数。

前项最后对加速度、速度及位置求解步骤进行了说明。求原函数就是积分的过程。相反，已知最初的位置 $x(t)$，通过微分可得任意时刻的速度和加速度。

速度 $v(t)=\dfrac{\mathrm{d}y}{\mathrm{d}t}=2Kt\cdots$ （8）

加速度 $a(t)=\dfrac{\mathrm{d}y}{\mathrm{d}t}=2K$

下落速度与时间成比例增大，但加速度是一定的。

因此，作用于物体的力是一定的，力 $F=$ 质量（m）× 加速度（$2K$）$=2mK$。一定的力在 $+x$ 的方向（向下的方向）上作用。

同时，伽利略忽略了空气对下落物体的摩擦，指出所有物体以同样的加速度下落且与其质量无关（事实并非如此，据说他曾在比萨斜塔上进行实验）。加速度又被称为"**重力加速度**"，通常写作 g（为方便计算，其数值略微不同，一般约为 9.8m/s²）。

相对于公式（8）的 a，$2K=g$，即 $K=\dfrac{g}{2}$。

匀速圆周运动

接下来，让我们思考匀速圆周运动的问题。假设 xy 平面上的物体，在以原点为中心半径为 r 的圆周上做匀速圆周运动（图7）。

当 $t=0$ 时，设物体从 x 轴上的

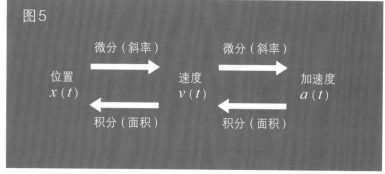

图5

位置 $x(t)$ — 微分（斜率）→ 速度 $v(t)$ — 微分（斜率）→ 加速度 $a(t)$

位置 $x(t)$ ← 积分（面积） — 速度 $v(t)$ ← 积分（面积） — 加速度 $a(t)$

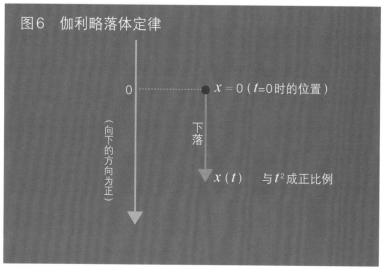

图6 伽利略落体定律

0 ⋯⋯ $x=0$（$t=0$时的位置）

（向下的方向为正）

下落

$x(t)$ 与 t^2 成正比例

A 点出发。若物体做匀速运动，则中心到物体的角度为 θ（与 x 轴的角度）与时间 t 成比例增大。若增加的比例为 ω，

$$\theta = \omega t \qquad \cdots (9)$$

设角度 θ 表示为弧度（圆周为 2π 的角度单位）。ω 被称为"**角速度**"（角度增加的速度）。当角度用弧度表示时，物体的速度 v 为

$$v = r\omega$$

当角度用弧度表示时，角度 × 半径 = 圆弧的长（**图 8**）。

在物体做平面运动时，任意时刻的位置用 (x, y) 表示（**图 9**）。

$$x(t) = r\cos\theta = r\cos\omega t$$
$$y(t) = r\sin\theta = r\sin\omega t$$
$$\cdots (10)$$

接下来，让我们来求解任意时刻的速度。

物体的位置在 θ 方向时，速度在垂直方向向 θ 角度倾斜。（**图 9**）

因此，x 方向的速度为 v_x，y 方向的速度为 v_y，则

$$v_x = -v\sin\theta = -v\sin\omega t$$
$$vy = v\cos\theta = v\cos\omega t$$
$$\cdots (11)$$

在**图 9** 中，物体向左侧方向运动，所以 v_x 为负。

大家应该回想起速度是位置的微分，即 $v(t) = \dfrac{\mathrm{d}x}{\mathrm{d}t}$（公式 3）。

该公式在 x 方向和 y 方向上均成立，即

$$v_x = \frac{\mathrm{d}x}{\mathrm{d}t}, \quad vy = \frac{\mathrm{d}y}{\mathrm{d}t} \qquad \cdots (12)$$

把公式（10）和公式（11）代入公式（12）中，可得

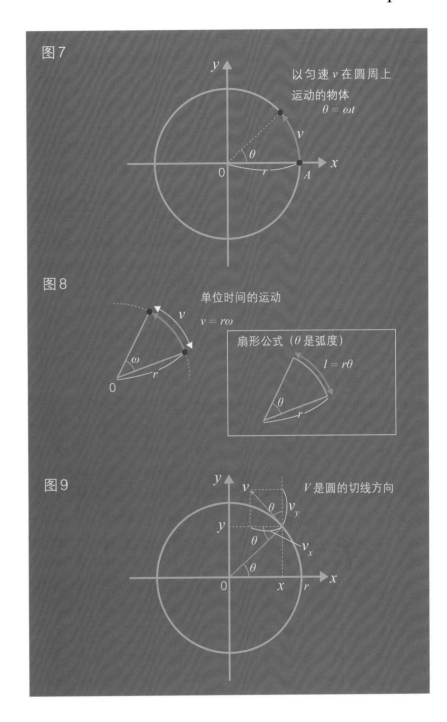

图 7

以匀速 v 在圆周上运动的物体
$\theta = \omega t$

图 8

单位时间的运动
$v = r\omega$

扇形公式（θ 是弧度）
$l = r\theta$

图 9

V 是圆的切线方向

$$-v\sin\omega t = \frac{\mathrm{d}(r\cos\omega t)}{dt}$$

$$= r\frac{\mathrm{d}(\cos\omega t)}{dt}$$

$$v\cos\omega t = \frac{\mathrm{d}(r\sin\omega t)}{dt}$$

$$= r\frac{\mathrm{d}(\sin\omega t)}{dt}$$

r 是常数，不属于微分。

把 $v = r\omega$ 代入左式，等号两边约去 r 并左右调换，可得

$$\frac{\mathrm{d}(\cos\omega t)}{dt} = -\omega\sin\omega t$$

$$\frac{d(\sin \omega t)}{dt} = \omega \cos \omega t$$

这就是"**三角函数的微分公式**"。

为了方便理解，可代入 $\omega=1$，把 t 写为 θ。

$$\frac{d\cos \theta}{dt} = -\sin\theta$$

$$\frac{d\sin \theta}{dt} = \cos\theta$$

对 sin 微分得到 cos，对 cos 微分得到 -sin，运用三角函数的微分公式便可以解决圆周运动这一物理问题（**图10**）。

已知速度，对其微分便可得加速度。

加速度也有 x 方向和 y 方向，分别表示为 $a_x(t)$，$a_y(t)$。于是

$$a_x(t) = \frac{dv_x}{dt} = -v \frac{d(\sin \omega t)}{dt}$$

$$= -v \omega \cos \omega t$$

$$= -r\omega^2 \cos \omega t$$

使用上述微分公式，最后代入 $v=\omega r$。同样可得

$$a_y(t) = \frac{dv_y}{dt} = -r\omega^2 \sin \omega t$$

请注意，这里加速度矢量（a_x，a_y）是位置矢量 $(x, y) = r(\cos \omega t, \sin\omega t)$ 的 $-\omega^2$ 倍。

位置矢量是中心（坐标的原点）向物体方向移动的矢量。加速度是其逆速度，即物体向中心移动的方向（**图11**）。

如果加速度向中心方向移动，力（F）= 质量（m）× 加速度（a），所以力一定向中心方向移动。即物体若做匀速圆周运动，就一定有向中心方向的引力。

虽然情况不同的力，其类型不同，但"向中心方向的引力"一般称为"**向心力**"。大家在高中物理中已经学习过相关知识点。

同时，力的大小也已知。若加速度为 a，则

$$a = \sqrt{a^2 x + a^2 y} = r\omega^2 = \frac{v^2}{r}$$

向心力用物体的质量 m 表示。这一结果经常用几何学中扇形的相似来证明，不用几何学也同样可以通过微分方法证明。

行星的运动·开普勒定律

准确来说，行星围绕太阳的运动轨迹并非圆形，但近似于圆形。17 世纪初，开普勒通过观测数据得出如下三个定律（之后再对其概念进行阐述）。

第一定律：行星围绕太阳运动的轨迹是椭圆，太阳处在椭圆的一个焦点上。

第二定律：太阳和行星间的面积速度一定。

第三定律：公转周期的平方与行星轨道半长轴立方的比值为常数。

牛顿在上述定理的基础上推导出"**万有引力定律**"，即"太阳与行星间的引力与其距离平方成反比。"

那么，如何通过上述三项定理推导出万有引力法则呢？

作为微积分创始人，牛顿并没有使用微积分，而是选择用几何学来证明自己的推论，具体可参考其著作《原理》。

本书将对微分证明法进行讲

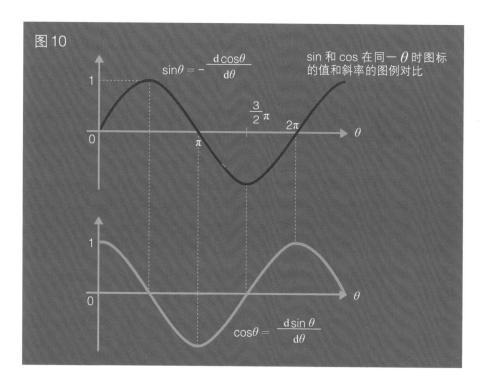

图10

$\sin\theta = -\dfrac{d\cos\theta}{d\theta}$

sin 和 cos 在同一 θ 时图标的值和斜率的图例对比

$$\frac{3}{2}\pi$$

$\cos\theta = \dfrac{d\sin \theta}{d\theta}$

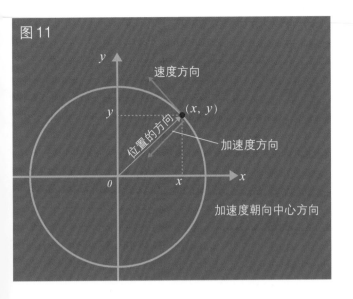

图11

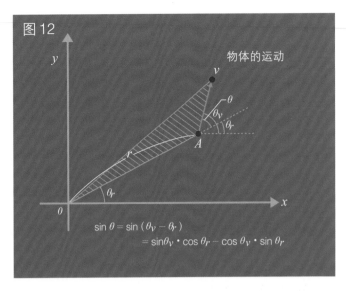

图12

$$\sin \theta = \sin (\theta_v - \theta_r)$$
$$= \sin\theta_v \cdot \cos \theta_r - \cos \theta_v \cdot \sin \theta_r$$

解。虽然微分运算略显麻烦，却远胜于《原理》中的几何证明法。

什么是面积速度一定？

基准点和物体的连线在单位时间内扫过的面积，称为物体运动的面积速度，它根据基准点的位置而变化。

如**图12**所示，以基准点为原点，物体在点 A 的面积速度就是绿色三角形的面积。设面积速度的2倍为 l，则 l 等于平行四边形的面积。

平行四边形的面积（l）＝底边（r）×高（$v \sin \theta$），因为 $\theta = \theta_v - \theta_r$，所以也可以使用"三角函数的加法定理"。

$$l = rv \sin (\theta_v - \theta_r)$$
$$= rv (\sin \theta_v \cdot \cos \theta_r$$
$$- \cos \theta_v \cdot \sin \theta_r)$$
$$= (r \cos \theta_r) \cdot (v \sin \theta_v)$$
$$- (r \sin \theta_r) \cdot (v \cos \theta_v)$$

即

$$x = r \cos \theta_r , \quad y = r \sin \theta_r$$
$$vx = v \cos \theta_v , \quad v_y = v \sin \theta_v$$

综上，推导出下式。

$$l = xv_y - yv_x \qquad \cdots (13)$$

那么，面积速度一定又意味着什么呢？如果面积速度一定，那么 l 就是不随时间变化的常数。

在此，对公式（13）的等号两边进行微分。

因为 l 是常数，左边为0。对于等号右边，我们首先使用"积的微分公式"。

$$\frac{\mathrm{d}(fg)}{\mathrm{d}t} = g \frac{\mathrm{d}f}{\mathrm{d}t} + f \frac{\mathrm{d}g}{\mathrm{d}t}$$

然后，使用 $\dfrac{\mathrm{d}x}{\mathrm{d}t} = v_x$，$\dfrac{\mathrm{d}vx}{\mathrm{d}t} = a_x$，得到：

$$0 = (v_x vy + xa_y) - (vyv_x + ya_x)$$
$$= xa_y - ya_x$$

设 $\dfrac{a_x}{x} = \dfrac{a_y}{y} = k$，加速度矢量为

$$(a_x, a_y) = k (x, y) \qquad \cdots (14)$$

当 $k>0$ 时，加速度与位置矢量 (x,y) 为同一方向；当 $k<0$ 时，则

方向相反。加速度与力也体现上述关系。

银河系行星不会离开太阳（基准点）而运动，所以力一直指向太阳方向（当 $k<0$ 时）。也就是说，以太阳为基准点时，行星的面积速度是一定的，行星总是受到来自太阳方向的向心力。

且力的大小为：

$$a = \sqrt{a^2_x + a^2_y}$$
$$= k \sqrt{x^2 + y^2} = kr \qquad \cdots (15)$$

k 是随物体（行星）位置变化的值，如果 k 与距离 r 的立方成反比，则加速度和力就与距离的平方成反比。如果万有引力与距离平方成反比，则上述假设成立。

了解椭圆形运动轨迹

若椭圆中心为坐标原点，则椭圆公式如**图13**所示。

椭圆的公式：

$$\frac{1}{A^2}x^2 + \frac{1}{B^2}y^2 = 1$$

长径 $2A$，短径 $2B$，焦点位置 $\pm C$，$C = \sqrt{A^2 - B^2}$）

但太阳并不在椭圆的中心，而在其焦点（椭圆焦点的定义在此不再赘述）上，即太阳在 x 轴 $\pm C$ 的位置上。

太阳在如上的两个焦点上，我们在此假设太阳在左侧的焦点。

设太阳位置为坐标原点，把坐标向右平移距离 C，则椭圆公式为：

$$\frac{1}{A^2}(x-C)^2 + \frac{1}{B^2}y^2 = 1 \quad \cdots (16)$$

用 t 对公式两边进行微分。

采用和求解面积速度时一样的计算方法，对全体公式除以 2，则

$$\frac{1}{A^2}(x-C)\,v_x + \frac{1}{B^2}y\,v_y = 0 \cdots (17)$$

接着再用 t 微分，可得

$$\frac{1}{A^2}v_x{}^2 + \frac{1}{B^2}v_y{}^2$$
$$+ \frac{1}{A^2}(x-C)a_x + \frac{1}{B^2}y a_y = 0$$
$$\cdots (18)$$

如上，使用公式（13）和公式（17）计算 v_x、v_y，再代入公式（18），约去速度，求解位置坐标和加速度间的关系方程。

公式（13）和公式（17）是关于 v_x、v_y 的连续一次方程，求解过程较简单。

为了简化结果的表达公式，我们引入符号 D，则

$$D = \frac{1}{A^2}x\,(x-C) + \frac{1}{B^2}y^2 \cdots (19)$$

$$v_x = -\frac{ly}{DB^2}, \quad v_y = \frac{l(x-C)}{DA^2}$$

把上式代入公式（18）约去 v，同时使用公式（14）和（16），用 a 代替 k，可得如下简单公式

$$\frac{l^2}{(DAB)^2} + kD = 0$$

最后可得，

$$k = -\frac{l^2}{D^3A^2B^2} \quad \cdots (20)$$

D 与距离 r^2 成正比。代入公式（16）对 r^2 变形，可得
$$r^2 = x^2 + y^2$$

$$= x^2 + \left(B^2 - \frac{B^2}{A^2}(x-C)^2\right)$$

$$= \frac{C^2}{A^2}\left(x + \frac{B^2}{C}\right)^2 \qquad \cdots (21)$$

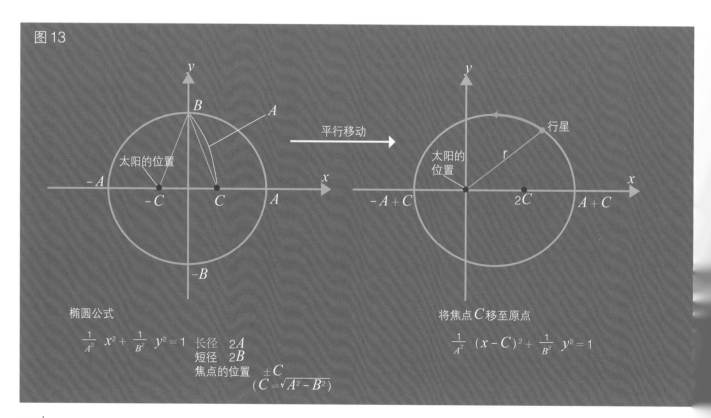

图13

太阳的位置

$-A$　$-C$　C　A　　平行移动　　太阳的位置　$-A+C$　$2C$　$A+C$　行星　r

椭圆公式
$$\frac{1}{A^2}x^2 + \frac{1}{B^2}y^2 = 1$$
长径 $2A$
短径 $2B$
焦点的位置 $\pm C$
$(C = \sqrt{A^2 - B^2})$

将焦点 C 移至原点
$$\frac{1}{A^2}(x-C)^2 + \frac{1}{B^2}y^2 = 1$$

同样，D 为

$$D = 1 + \frac{C}{A^2}x - \frac{C^2}{A^2}$$

$$= \frac{C}{A^2}\left(x + \frac{B^2}{C}\right) = \frac{r}{A}$$

最后使用公式（21）r^2 的公式。

由此可得 D 与 r^2 成正比，k 与距离 r 的立方成反比，所以证明太阳和行星间的力量与距离 r^2 成反比。

常见的力学课本（大学教科书或高等教育参考书）中，假定力和距离的平方成反比，即可证明轨道是椭圆。

相反，如果设定运动轨迹是椭圆，即可证明力与距离的平方成反比。这与牛顿在《原理》中的证明相同。

第三定律的含义

我们已经使用了第一、第二定律。最后将介绍开普勒第三定律。

椭圆的面积是：πAB，l 是面积速度的平方，则行星绕太阳一周的时间（周期）T 为 $T=$ 面积 ÷ 面积速度 $=\pi AB \div \dfrac{l}{2}$。把 T 和 $D=\dfrac{r}{A}$ 代入公式（20），则

$$k = -\frac{l^2 A}{B^2}\cdot\frac{1}{r^3} = -4\pi^2\cdot\frac{A^3}{T^2}\cdot\frac{1}{r^3}$$

开普勒第三定律中 $\dfrac{A^3}{T^2}$ 适用于所有行星，所以 k 不仅与距离 r 的三次方成反比，所有行星的系数一致。正如万有引力定律的证明，所有行星受到与来自太阳的质量成正比的相同的力。 🍎

3

微积分的应用

PART 2

发展篇

为了让大家理解不同现象，本部分将介绍微分方程式、数值微分、数值积分的原理，以及其具体应用。由此大家便能切身感受到微积分广泛的使用场景及优势。

146 Topics
水谷仁的微积分讲义

154 Topics
微分方程式

158 Column 13

微积分的作用
制造新的乐器和演奏方法

160 Column 14

微积分的作用
微积分能让飞机飞起来

162 Column 15

微积分的作用
抗震建筑的设计

164 Column 16

微积分的作用
从概率论到金融工学

167 Column 17
"最美"的偏微分方程——玻尔兹曼方程

168 Topics 微分的应用

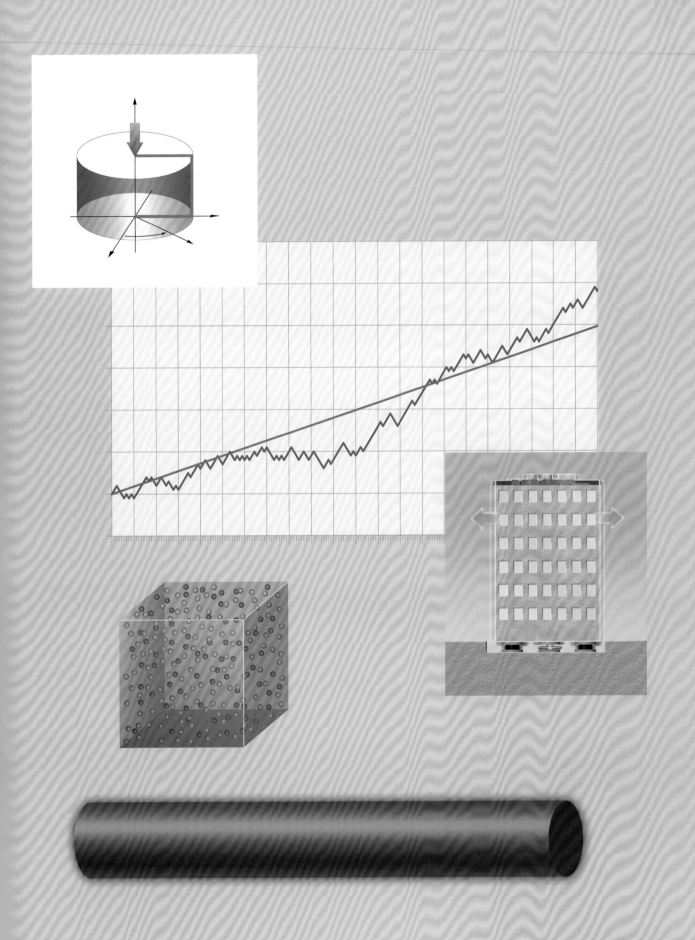

使用微积分，轻易把握 "变化"

微积分在理解自然现象中发挥着重要作用，本章接下来将对日本《牛顿》杂志原总编辑水谷仁的观点进行介绍。三角函数和指数函数可以帮助我们"接近"世间很多物理现象的原理。使用微积分计算，可以显著提升对问题的洞察分析能力。这究竟是为什么呢？如果我们能够使用微积分理解现象，之后就可以通过求解微分方程式来"预测"未来。接下来就请大家感受微积分的"威力"吧！本章后半部分还将介绍在处理实际数据时，必不可少的"数值微分"和"数值积分"原理。

执笔 **水谷仁**
日本《牛顿》杂志原总编辑

当我们分析世间万物的现象，洞察现象背后的动向和规律时，微积分是非常强力的"武器"。通过组合微积分，可以得到极具威力且重要的数学工具，如三角函数、指数函数，以及把两者用"魔法"数字（虚数）连接的"欧拉公式"。我们先对欧拉公式进行简单的说明。

虚数连接着三角函数和指数函数

知名数学家莱昂哈德·欧拉（1717~1783）在年轻时就潜心研究"无穷级数"。这就是"欧拉公式"的原点，欧拉公式又被称为科学家的必需品。

无穷级数，如"1，2，3，4，5…"和"1^2，2^2，3^2，4^2，5^2…"一样，是一组呈规律排列无限相加的数列之和。欧拉发现了用 π（圆周率）表达无线级数的方法。

$$1+\frac{1}{4}+\frac{1}{9}+\frac{1}{16}+\cdots+\frac{1}{n^2}+\cdots=\frac{\pi^2}{6}$$

随后，欧拉还把指数函数（e^x）、三角函数 $\sin x$，$\cos x$ 等（当 $-1<x<1$ 时）改为如下无限级数的表达方式。

$$e^x=1+\frac{x}{1!}+\frac{x^2}{2!}+\frac{x^3}{3!}+\cdots$$
$$\sin x=\frac{x}{1!}-\frac{x^3}{3!}+\frac{x^5}{5!}-\frac{x^7}{7!}+\cdots$$
$$\cos x=1-\frac{x^2}{2!}+\frac{x^4}{4!}-\frac{x^6}{6!}+\cdots$$

上述公式中"$n!$"称为"n 的阶乘"，即从 1 到 n 所有自然数的相乘之和，如 $5!=5\times4\times3\times2\times1=120$。

只是简单对比这些函数，就会发现函数内部的关联性并不明显。但欧拉用"魔法"清楚地指出了函数间的关系。他引入平方为负的奇妙数字——"虚数"。平方为 -1 的数即虚数单位 i。欧拉在指数函数 e^x 中代入"虚数倍的 x"，即 ix。e^{i} 即为 e 的"虚数方"。那么，数的虚数方又是什么意思呢？欧拉并没有纠结于此，而是利用 i^2 大胆地进行尝试。

$$e^{ix}=1+\frac{ix}{1!}+\frac{(ix)^2}{2!}+\frac{(ix)^3}{3!}$$
$$+\frac{(ix)^4}{4!}+\frac{(ix)^5}{5!}+\cdots$$
$$=1+\frac{ix}{1!}-\frac{x^2}{2!}-\frac{ix^3}{3!}+\frac{x^4}{4!}+\frac{ix^5}{5!}$$
$$+\cdots$$

$$= \left(1 \quad -\frac{x^2}{2!} \quad +\frac{x^4}{4!}\cdots\right)$$
$$+ i\left(\frac{x}{1!} - \frac{x^3}{3!} + \frac{x^5}{5!}\cdots\right)$$

实部（蓝字）等同于 $\cos x$，虚部（红字）等同于 $\sin x$。由此推导得到如下公式。

欧拉公式

$$e^{ix} = \cos x + i\sin x$$

根据公式，虚数的指数函数 e^{ix} 可用三角函数 $\cos x$ 和 $\sin x$ 表示。在实数的世界中，原本没有任何关联的指数函数和三角函数却在包含虚数的复数世界中紧密联系在一起。

把圆周率 π 代入 x 中可得

$$e^{i\pi} = \cos\pi + i\sin\pi = -1$$

$e^{i\pi} = -1$ 又被称为"欧拉恒等式"，等号两边同时加 1，可得"$e^{i\pi}+1=0$"。

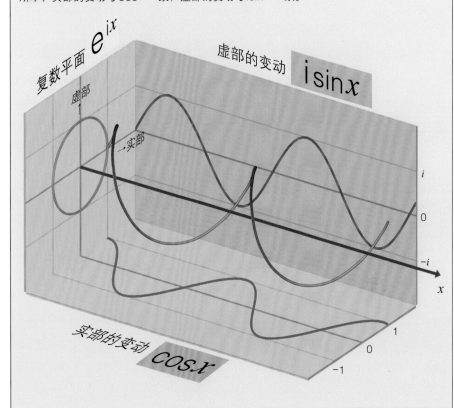

图1 虚数的指数函数 e^{ix} 函数图

虚数的指数函数 e^{ix} 的值是复数（实数＋虚数），在复数平面上旋转。如下图所示，实部的变动与 $\cos x$ 一致，虚部的变动与 $i\sin x$ 一致。

复数平面 e^{ix}　虚部的变动 $i\sin x$

虚部

→实部

实部的变动 $\cos x$

i
0
$-i$
x
1
0
-1

指数函数和三角函数的微分

我们已经学习了被虚数连接的三角函数和指数函数间不可思议的关系。如果能够把握以上知识，那么接下来所讲的三角函数的微分、积分计算就会变得异常轻松。

那么，首先让我们尝试计算指数函数 e^{ax} 的微分。微分计算采用极限的方法。如下是计算方法，其中需要注意 $e^{a(x+h)} = e^{ax}e^{ah}$，以及当 h 近似 0 时，e^{ah} 写为"$1+ah$"。因此，

$$\frac{d}{dx}e^{ax} = \lim_{h\to 0}\frac{e^{a(x+h)} - e^{ax}}{h}$$
$$= \lim_{h\to 0}\frac{e^{ax}e^{ah} - e^{ax}}{h}$$

$$= \lim_{h\to 0}\frac{e^{ax}(e^{ah} - 1)}{h}$$
$$= \lim_{h\to 0}\frac{e^{ax}(1 + ah - 1)}{h}$$
$$= ae^{ax}$$

如此，e^{ax} 的微分是 ae^{ax}。微分指数函数也就等同于给原来的函数加 a。

如果能够掌握如上方法，通过欧拉公式便可轻松得出三角函数的微分。如上 e^{iax} 的微分是 iae^{iax}（用 ia 替换 a 即可），具体计算过程暂且省略。

欧拉公式中，e^{iax} 原本是 $e^{iax} = \cos ax + i\sin ax$，所以

$$(e^{iax})' = iae^{iax}$$
$$(\cos ax)' + i(\sin ax)'$$

$$= ia(\cos ax + i\sin ax)$$
$$(\cos ax)' + i(\sin ax)'$$
$$= -a\sin ax + ia\cos ax$$

左侧的实数部分（蓝字）、虚数部分（红字）分别和右侧的实数部分（蓝字）、虚数部分（红字）相等，所以最终可得

$$(\cos ax)' = -a\sin ax \quad \cdots (1)$$
$$(\sin ax)' = a\cos ax \quad \cdots (2)$$

三角函数再次微分可得……

$\cos ax$ 微分可得 $-a\sin ax$。在此，我们对 $\cos ax$ 再次微分，即二次微分。则 $-a\sin ax$ 的微分为 $-a^2\cos ax$。

同样，对 $\sin ax$ 连续两次微分可得，

$$(\cos ax)'' = -a^2\cos ax$$

三角函数两次微分等于在原来的函数上加"$-a^2$"，这一特点很有趣。

把 $\sin ax$ 或 $\cos ax$ 写作 $f(x)$，则

$$f''(x) = -a^2 f(x)$$
$$f''(x) + a^2 f(x) = 0$$

如上，插入微分符号的方程称为"**微分方程**"。我们暂且先不详细展开。与此相对，插入积分符号的方程称为"**积分方程**"。

我们在物理学中可以经常看到上述形式的微分方程。钟摆运动、分子运动等振动都通过这一形式的微分方程表示。若某一现象用函数 $f(x)$ 表示，如果知道它的微分方程式，那方程即可立即转换为 $\sin$ 和 $\cos$ 的形式。

通过微分凸显波的特征

让我们一起回顾之前出现的公式（1）、公式（2）。它们体现了三角函数非常有趣的特点。首先，让我们来看 $\sin ax$ 这一函数，如果把三角函数看作像波浪的形状，那公式中的常数 a 就相当于波长的倒数（$\frac{1}{\text{波长}}$）。a 越大，波长越短；a 越小，波长越长。因此，微分某一波长的三角函数时，若波长越短（a 的大小），则三角函数的振幅越明显。

让我们考虑如下函数，

$$f(x) = \sin x + \sin 10x \quad \cdots (3)$$

这是两个波长不同的三角函数之和（**图2**）。让我们试着对这个函数进行微分。借用刚才介绍的公式可得，

$$f'(x) = \cos x + 10\cos 10x \cdots (4)$$

微分后的第 1 项 $\sin x$ 与原来波的振幅相同（$\sin x \rightarrow \cos x$），而第 2 项 $\sin 10x$ 的振幅却扩大了 10 倍（$\sin 10x \rightarrow 10\cos 10x$）。把函数转换成图表后，振幅扩大后的形态便一目了然（**图 3**）。

如果对三角函数进行微分，波长短、变动大的波就会扩大，这是三角函数最显著的特征。正因为有这样的特征，研究者在详细观察变动数据（如气温变化、股价变动等）的细微变化时，经常会对数据进行微分。如果还想观察函数的缓慢变动时，也可以尝试积分，这部分内容在之后会涉及。

积分后起伏变得稳定

微分和积分呈互逆关系，所以根据三角函数的微分公式，也可以求出三角函数的积分。

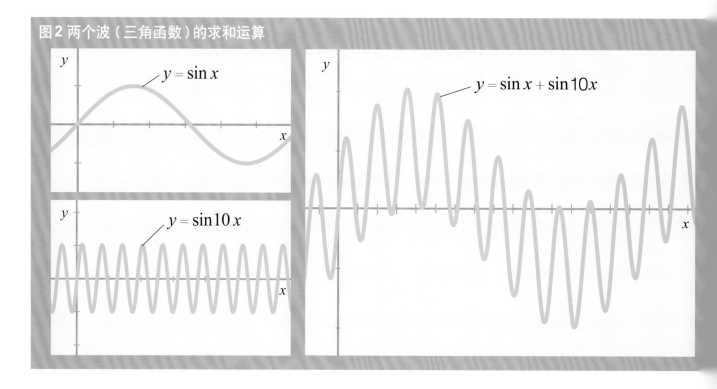

图2 两个波（三角函数）的求和运算

$y = \sin x$

$y = \sin 10x$

$y = \sin x + \sin 10x$

如刚才积分求出的公式（1）。

$$\int (\cos ax)' \, dx = \cos ax$$
$$= -a \int \sin ax \, dx$$

即

$$\int \sin ax \, dx = -\frac{1}{a} \cos ax \quad \cdots (5)$$

同样

$$\int \cos ax \, dx = \frac{1}{a} \sin ax \quad \cdots (6)$$

另外，在书写上述公式时，常省略积分常数（C），如下同理。

请与 $\sin ax, \cos ax$ 的微分进行比较。在微分中 a 是乘法，而在积分中 a 是除法（分母）。a 是三角函数波长的倒数，a 较大的三角函数波长较短，a 较小的三角函数波长较长。这样一来，如果对短波形的三角函数进行积分，其振幅就会变成 $\frac{1}{a}$，积分后的波形会比原来的波形小。

对三角函数表示的波形进行积分，波长短的波形会变小，波长长的波形则会凸显，如图所示。

假设举例的函数与公式（3）相同。

$$f(x) = \sin x + \sin 10 x$$

积分可得，

$$\int f(x) \, dx = -\cos x - \frac{1}{10} \cos 10 x$$
$$\cdots (7)$$

由此可得，$\sin 10x$ 积分项的振幅只有原来的十分之一。数学公式和图标均显示：短波上变化的波形在积分后振幅会变小（**图4**）。

三角函数 $\sin$ 的积分是 $-\cos$，再把求出的积分值向 x 轴方向移动 $90°$（$=\frac{\pi}{2}$）作成函数图。如此便能发现，积分值的变化趋势和原来波形的长期趋势一致。

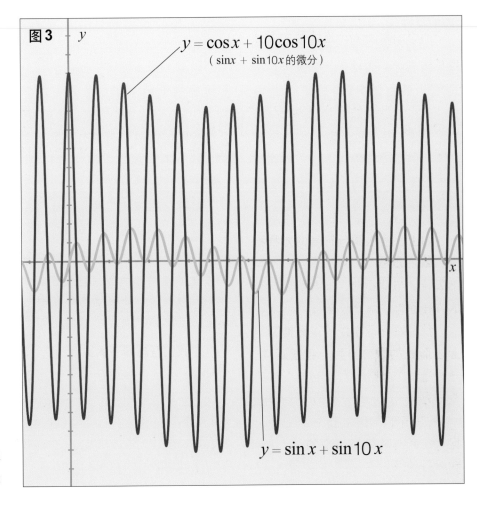

图3

$$y = \cos x + 10\cos 10x$$
（$\sin x + \sin 10x$ 的微分）

$$y = \sin x + \sin 10 x$$

当研究者想详细了解函数的长期变动时，即可利用该性质来调查原始数据的积分。积分是掌握整体变化、了解长期趋势的方法。

如上所示，通过函数的微分和积分，我们能够更加清楚地把握原函数的特征，可以说积分是理解自然现象时不可或缺的手段。

微分方程式是什么？

随着对自然现象理解的不断深入，我们可以预测接下来发生的变化。研究者使用数学公式来表示新化。研究者使用数学公式来表示新的变化，认为如果自然现象可以被数学公式表示，那人类就把握了该现象的规律。

例如，向空中抛出一颗球，球的质量为 m，速度为 v，时间为 t，重力加速度为 g，牛顿把球的运动公式表示为：

$$m \frac{dv}{dt} = -mg \quad \cdots (8)$$

即物体的质量乘以加速度等于该物体作用的力。等号右侧之所以为负，是因为当速度向上的物体为正数时，重力（质量 × 重力加速度）是向下的。这就是牛顿的

"运动方程"。

如上所述，在公式中插入微分符号的公式一般称为微分方程。公式（8）的右侧既没有时间 t，也没有速度 v，是最简单的微分方程。也就是说，牛顿的运动方程式也是最简单的微分方程式之一。在物理学中，除了物体的运动，所有现象都可以用微分方程来表示（实际情况比这个更复杂）。

试着用时间 t 对公式（8）进行积分，表示如下。

$$m\int \frac{dv}{dt} dt = -mg\int dt \qquad \cdots (9)$$

计算后可得到如下公式。左边的积分是微分的积分，所以又回到了原来的 v。

$$v = -gt + v_0$$

新出现的数 v_0 称为积分常数。我们无法借用公式求出答案，但把 $t=0$ 代入上式，即可得到 $v=v_0$，

所以 v_0 是时间为零时的速度（初速度）。

如果向空中抛球，球速达到专业棒球选手的水平，那 v_0 可高达 140 千米／小时（38.9 米／秒）。积分常数的值由时间为零时的信息决定（因为不由物理定律决定），即由初始条件决定。

如果已知速度随时间变化，那么接下来，球的位置（球的高度，y）也可通过微分方程求出。此时，微分方程可通过速度的定义推导得出。也就是说，速度是指高度随时间变化的比率，因此可以得到如下方程，

$$\frac{dy}{dt} = v = -gt + v_0 \qquad \cdots (10)$$

让我们对这个公式进行积分。

$$\int \frac{dy}{dt} dt = \int (-gt + v_0)\ dt$$

左边是 y 本身。右边是

$$-\frac{1}{2} gt^2 + v_0 t + y_0$$

用 t 微分，就回到之前的公式。如果我们积分公式（10），得到如下公式

$$y = -\frac{1}{2} gt^2 + v_0 t + y_0 \qquad \cdots (11)$$

公式（10）的微分方程的结果是公式（11）。这里再次出现的新值 y_0，与刚才的 y_0 一样，是随着积分而出现的常数，被称为积分常数。把 $t=0$ 代入公式（11），即可得到 y_0 是 $t=0$ 时球的高度。

把 $g=9.8m/s^2$，$v_0=38.9m/s$（时速 140 千米），$y_0 = 0$ 代入得到的公式（11）中进行计算。用高速抛球，抛起的球会上升近 80 米，大约 8 秒后才会落到地面，可以说球在空中的滞留时间非常长。

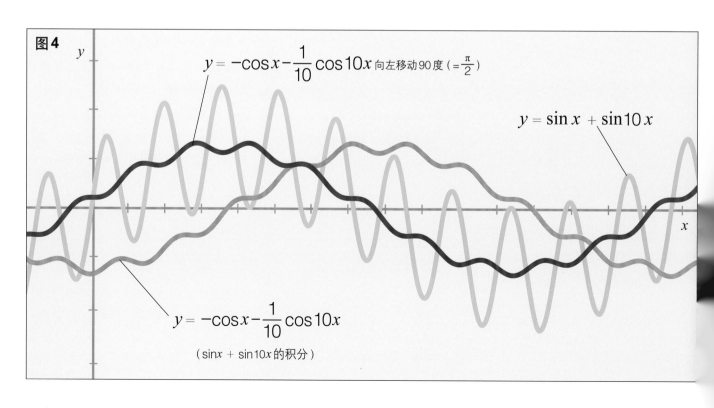

图4

$y = -\cos x - \dfrac{1}{10}\cos 10x$ 向左移动90度 $\left(=\dfrac{\pi}{2}\right)$

$y = \sin x + \sin 10x$

$y = -\cos x - \dfrac{1}{10}\cos 10x$

（$\sin x + \sin 10x$ 的积分）

如果可以得到微分方程，通过对它进行积分，即可得到不同的信息。如此便可了解球在何时、到达怎样的高度、以什么速度运动。

何为数值微分、数值积分？

如果代入实际的数据，相信大家就会意识到能用公式表示情况是非常特殊的。天气预报中使用的气温、气压等数据，以及股价变动等实际生活中出现的数字变化，都很难用简单的公式表示。接下来就让我们一起来了解对公式中无法表示的数据进行微分、积分的方法——数值微分、数值积分。

首先，让我们回忆一下，函数的导数是由如下公式推导得出。图6展示了想要微分的函数 $f(x)$ 的概要。当 $x=a$ 时，函数曲线处的切线斜率（$x=a$ 的微分系数），如下所示。

$$f'(a) = \frac{\mathrm{d}f(a)}{\mathrm{d}x}$$

$$= \lim_{h \to 0} = \frac{f(a+h)-f(a)}{\mathrm{d}h} \quad \cdots(12)$$

之所以可以实现使 h 无穷小（$h \to 0$）这一极限操作，是因为无论 x 取何值，$f(x)$ 的值都是一定的。但之前提到的在现实生活中出现的数据，都是在一定的时间间隔内测量或发布的，所以不能进行 $h \to 0$ 这样的极限操作。

我们在这里不用无穷小数据的间隔，而采用有限量 h 对公式（12）进行推论，这就是数值微分的方

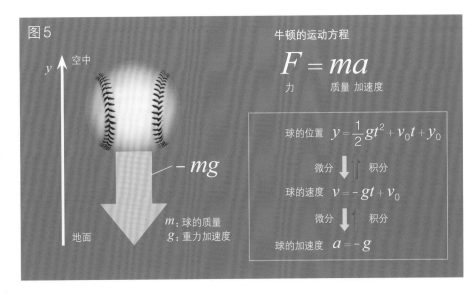

图5

空中

y

地面

$-mg$

m：球的质量
g：重力加速度

牛顿的运动方程

$$F = ma$$

力　　质量 加速度

球的位置　$y = \frac{1}{2}gt^2 + v_0 t + y_0$

微分 ↓ ↑ 积分

球的速度　$v = -gt + v_0$

微分 ↓ ↑ 积分

球的加速度　$a = -g$

法。数据以一定的时间间隔给出，当间隔为 Δx 时，即可得出数据的数值微分。

$$f'(a) \fallingdotseq \frac{f(a+\Delta x)-f(a)}{\Delta x} \quad \cdots(13)$$

公式（12）和（13）的含义几乎相同。该推导是当 $x = a$ 时与右侧（前项）的差值公式的微分，所以称为"**向前差分近似**"的数值微分。与此相同，既有与 a 后方数值的差值微分，也有对 a 的前方和后方数值微分的情况。

向后差分近似：

$$f'(a) \fallingdotseq \frac{f(a)-f(a-\Delta x)}{\Delta x} \cdots(14)$$

中心差分近似：

$$f'(a) \fallingdotseq \frac{f(a+\Delta x)-f(a-\Delta x)}{2\Delta x} \quad \cdots(15)$$

用二次曲线对图6中的三点

求近似值，求出的微分系数与公式（15）一致，又因公式（15）中推测的微分值为公式（13），所以比公式（14）的结果更精确。这一点可以得到严格的证明，从**图6**中也可以直观地看出。

如何求数值积分？

x 在 a 到 b 上的定积分相当于求图 $f(x)$ 下方的面积。把 $f(x)$ 从 a 到 b 分为 n 等份，那面积就近似于无数个被分解为梯形的条形面积之和。

面积 S 可用如下公式计算。

$$\begin{aligned} S &= \int_a^b f(x)\, \mathrm{d}x \\ &\fallingdotseq \frac{\Delta x}{2}\left\{f(x_0)+f(x_1)\right\} \\ &\quad + \frac{\Delta x}{2}\left\{f(x_1)+f(x_2)\right\} \\ &\quad + \cdots + \frac{\Delta x}{2}\left\{f(x_{n-1})+f(x_n)\right\} \\ &= \frac{\Delta x}{2}\left[f(x_0)+2\left\{f(x_1)\right.\right. \\ &\quad \left.\left. + \cdots + f(x_{n-1})\right\} + f(x_n)\right] \end{aligned}$$

$$= \frac{\Delta x}{2} \left\{ f(x_0) + 2 \sum_{i=1}^{n-1} f(x_i) + f(x_n) \right\}$$

（但 $x_0 = a$，$x_n = b$，$\Delta x = \frac{b-a}{n}$ ）

$$\cdots (16)$$

如公式（16）所示，把数据分为梯形长条并计算积分近似值的方法称为 **"梯形法"**。

与此相对，也有如 **图8** 的面积分割法。以通过 A、B、C 三点的二次曲线（抛物线，图中的点线）为原型，取原有数据的近似值，再对点线下方面积的数值进行积分。

具体方法暂且省略，但根据这个方法，我们可以用下列公式求出从 A 到 C 的积分（注意是两个条形）。

$$\frac{\Delta x}{3} \left\{ f(x_{i-1}) + 4f(x_i) + f(x_{i+1}) \right\}$$

$$(\Delta x = x_i - x_{i-1} = x_{i+1} - x_i)$$

该方法称为 "辛普森公式"，起名源于其发明者——英国数学家托马斯·辛普森。辛普森公式

把 x 在 a 到 b 之间的数值微分表示为：

$$S = \int_a^b f(x)\,\mathrm{d}x$$

$$\doteqdot \frac{\Delta x}{3} \Big[\left\{ f(x_0) + 4f(x_1) + f(x_2) \right\}$$

$$+ \left\{ f(x_2) + 4f(x_3) + f(x_4) \right\}$$

$$\vdots$$

$$+ \left\{ f(x_{n-2}) + 4f(x_{n-1}) + f(x_n) \right\} \Big]$$

$$= \frac{\Delta x}{3} \Big\{ f(x_0) + 4 \sum_{i=1}^{\frac{n}{2}} f(x_{2i-1})$$

↑奇数项

$$+ 2 \sum_{i=1}^{\frac{n}{2}-1} f(x_{2i}) + f(x_n) \Big\}$$

↑偶数项

$$(x_0 = a,\ x_n = b,\ \Delta x = \frac{b-a}{n})$$

$$\cdots (17)$$

接下来让我们看一道数值积分的例题，请大家尝试求解半径为1的四分之一圆的面积。积分值为 $\frac{\pi}{4}$（≈ 0.7854）所以验算较

为简单。当 x 在 0~1 之间时，以 0.05 作为增长区间，分别代入函数 $f(x) = \sqrt{1-x^2}$ 进行计算。然后，使用公式（16）和（17）进行计算，结果如下所示。

梯形公式　　S=0.78211
辛普森公式　S=0.78411

由此可得，根据辛普森公式得出的微分数值非常接近真正的数值。

数值微分与积分方程式

大部分物理现象和化学现象都用微分方程式来表示。例如，我们之前介绍了一则在重力加速度 g 下，影响小球变化的运动方程式。

因为这是简单的方程式，所以用算式变形就能解出该微分方程，但在更复杂的情况下，推导解析得出答案就比较困难。但

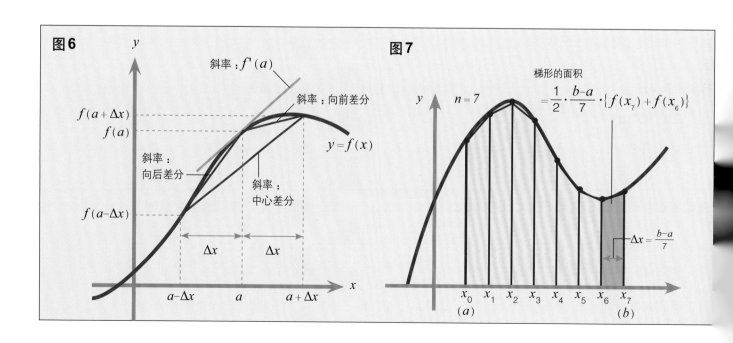

是，如果能如下文所示，把微分方程改写为"差分方程"，那任何微分方程都能通过数值性的积分。

让我们从公式（8）中介绍的运动方程式开始了解。该公式表示向正上方抛起的小球的运动。改写运动方程式，就得出如下公式。

$$m\frac{\mathrm{d}v(t)}{\mathrm{d}t} = -mg$$

$$\frac{\mathrm{d}y(t)}{\mathrm{d}t} = v(t)$$
$$\cdots(18)$$

公式中速度的微分 $\frac{\mathrm{d}v(t)}{\mathrm{d}t}$ 表示加速度。在此，假设球的初始速度为时速 140 千米（秒速 38.9 米，保证距离和时间单位的统一非常重要），初始位置为 0 米，即初始条件为：

$$v(0) = 38.9\mathrm{m/s}$$
$$y(0) = 0\mathrm{m}$$
$$\cdots(19)$$

对公式（18）进行数值积分。

公式（18）微分的原始定义是"在无限小的'小时间'上的（速度 v，或高 y 的）增量"。但实际上由于 t 不能无穷小，所以取无穷小量 Δt，像公式（18）和（20）一样取近似值。

$$\frac{v(t + \Delta t) - v(t)}{\Delta t} = -g$$

$$\rightarrow v(t + \Delta t)$$
$$= v(t) - g \cdot \Delta t$$
$$\cdots(20)$$

$$\frac{y(t + \Delta t) - y(t)}{\Delta t} = v(t)$$

$$\rightarrow y(t + \Delta t)$$
$$= y(t) + v(t) \cdot \Delta t$$

如此，用有限的差分表示微分方程称为差分方程。差分方程若成立，则给定初始条件 $y(0)$、$v(0)$，接下来的小时间段（Δt）后的 $y(\Delta t)$、$v(\Delta t)$ 就可以用公式（14）计算。

把得到的 $y(\Delta t)$, $v(\Delta t)$ 代入公式（20）的 $y(t)$、$v(t)$ 中，就可以计算出下一个时间段 $y(1+\Delta t)$，$v(r+\Delta t)$ 的值。只要反复进行，就能得到任何前面的 $y(t)$, $v(t)$。这样的计算称为微分方程的"数值性积分"。

如果把握了这一计算流程将其写入程序中，计算就会变得简单。不过，即使是上面介绍的单纯的差分方程式，也有使误差减少的解法。但我们在此只讲述微分方程的数值积分原理，其他内容就请您自行探索。🍎

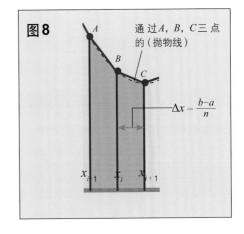

图8

通过 A, B, C 三点的（抛物线）

$$\Delta x = \frac{b-a}{n}$$

x_{i-1} x_i x_{i+1}

理解世界的关键——微分方程式

我们把包含微分未知函数的导数称为"微分方程"。从自然现象到社会现象，探究各种现象的关键都蕴含于微分方程中。同时，这个世界每天都有新的现象，当人们开始研究和考察时，对微分方程的研究也在不断发展和扩大。在此，本文将介绍与我们的生活密切相关的微分方程。

执笔 **山本昌宏**
东京大学数理科学研究科教授

只依赖一个自变量的"常微分方程"

微分方程大致可分为"常微分方程"和"偏微分方程"。常微分方程的未知函数只含有一个自变量，而偏微分方程的未知函数则含有多个自变量。

首先，让我们来了解常微分方程。

例如，有一质量为 m 的质点。假设质点在时刻 t 位置的坐标用函数 $x(t)$ 表示。

此时，$\dfrac{\mathrm{d}x}{\mathrm{d}t}(t)$ 为速度，速度的微分 $\dfrac{\mathrm{d}^2 x}{\mathrm{d}t^2}(t)$ 表示加速度。

其中，作用于质点的力是 $F(t)$，根据牛顿运动第二定律，可得出下列公式。

$$m\frac{\mathrm{d}^2 x}{\mathrm{d}t^2}(t) = F(t), \quad t > 0 \cdots (1)$$

此时，F 由 $x(t)$ 等因素决定，公式（1）是关于 $x(t)$ 的常微分方程。

例如，假设质点的坐标是 $x(t)$，质点受复原力回到原来的位置。当力的大小与质点的动量成比例时，适当地取一比例常数 k，当 $k > 0$ 时，就能得到如下的常微分方程。

$$\frac{\mathrm{d}^2 x}{\mathrm{d}t^2}(t) = -kx(t), \quad t > 0 \cdots (2)$$

设水平面摩擦为零，弹簧的一侧设一质点，弹簧的另一侧则固定在水平面上。

如此，在牛顿的运动方程式中，施加在质点上的力遵循一定的规律，根据位移（位置的变化）和速度的不同而决定。并且，情况不同，常微分方程也各不相同。

另外，任意 $x(t)$ 满足公式（2），且当 $k>0$ 时，A、B 作为常数，可如下标记。

$$x(t) = A\cos\sqrt{k}\,t + B\sin\sqrt{k}\,t \cdots (3)$$

满足公式（2）的函数 $x(t)$ 顺利选取常数 A、B，则一定能记录为公式（3）的形式。

常微分方程可以求解所有多次满足条件的函数，这被称为"一般解"。

另外，考虑到质点这类不具有空间扩展性的点的运动，只要决定现象这一对象的时间，便可用微分方程完全标记。

作为具体案例，包括放射性物质的破坏等。放射性物质与环境

图1 铁棒的热传导

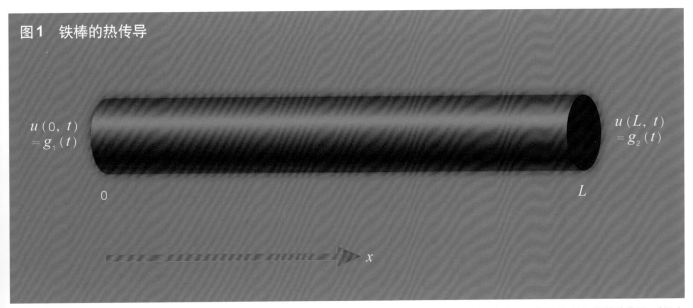

铁棒从左向右传导热量。在铁棒热传导现象中，我们把表示铁棒温度的函数设为 u，函数内包括两个变量，分别是时间 t 和铁棒位置 x（设左端为初始距离0时，距离左端的距离）。假设铁棒的材质相同，物理常数为 h，则该现象标记为本文公式（4）的偏微分方程式。

等条件无关，总是以一定的比例衰变。时刻 t 时，减少率与放射性物质的量本身成比例，所以可以用常微分方程式表示。

表述自然现象的 "偏微分方程式" 的例子

让我们思考在长为 L 的铁棒中的热传导现象。

如图1所示，设定 x 坐标。

为了明确铁棒的热传导现象，我们把注意力集于温度 u。除时间 t 之外，温度 u 还根据铁棒的位置而变化。因此，我们设函数 u (x, t) 包含 t 和 x 两个变量。

若铁棒的材质相同，设物理常数为 k，则可以推导出如下热传导方程式。

$$\frac{\partial u}{\partial t}(x, t) = k\frac{\partial^2 u}{\partial x^2}(x, t),$$
$$0 < x < L, t > 0 \quad \cdots (4)$$

公式（4）是设定函数 u 的包含 "偏导函数" 的微分方程式，也属于偏微分方程式之一。

同样，波动现象在空间内传播时，也可用一个关于地点 x 和时间 t 的偏微分方程表示。

接下来，让我们思考一个简单的例子——弦的微小振动问题。假设 u (x, r) 在地点 x，时刻 t，从不振动的平衡位置的位移，可以得到如下的微分方程。

$$\frac{\partial^2 u}{\partial t^2}(x, t) = k\frac{\partial^2 u}{\partial x^2}(x, t),$$
$$0 < x < L, t > 0 \quad \cdots (5)$$

接下来，假设一铁板与上述铁棒（图1）材质一致但形状不同，且金属边缘保持一定的温度。当经过足够长的时间后，铁板的温度分布不依赖于时间变化，温度分布 u (x_1, x_2) 在平面坐标 (x_1, x_2) 上满足如下偏微分方程。

$$\frac{\partial^2 u}{\partial x_1^2}(x_1, x_2) + \frac{\partial^2 u}{\partial x_2^2}(x_1, x_2) = 0 \cdots (6)$$

一般来说，类似公式（4）的方程被称为 "抛物形偏微分方程"，公式（5）被称为 "双曲形微分方程"，公式（6）被称为 "椭圆形偏微分方程"，如上便是表述自然现象等最有代表性的三种基本偏微分方程式。

大致求解偏微分方程

接下来，让我们一起思考关于

偏微分方程的"边界条件"和"初始条件"。

在热传导方程中，为了大致确定温度的变化，除公式（4）之外，还有必要指定铁棒两端的物理状态（称作"边界条件"），以及初始时间铁棒的整体温度分布（称作"初始条件"）。对于这一点相信大家会有直观的了解。正如，g_1（t）和g_2（t），图1中铁棒的两端满足保持给定温度的边界条件。

另外，对于像公式（5）一样的波动方程式，也有必要对如固定两端等的边界条件进行设定。关于初始条件，除了规定$t=0$时，弦在不振动状态下位置的位移，还必须规定各点以怎样的速度开始运动。

而像公式（6）这样的椭圆形方程，也有必要设定边界条件，从而求得大致的解。

另外，与常微分方程不同，偏微分方程有一个特点，就是很难求得一般解。

因此，如上述所示，设定边界条件和初始条件对偏微分方程，以及是否对其进行大致求解便成为基本问题。偏微分方程的类别非常多，而且根据不同的物理状况和上述三个基本类型等，存在很多边界条件和初始条件的设定。

支撑我们生活的微分方程

日常生活与微分方程紧密相关，其密切程度远超我们的想象，让我们一起看看生活中的一些实例吧！

例如，早上在面包机里烤面包、外出或上学时乘坐电车、使用手机等。在这些现象背后，都使用了电磁学中被称为"麦克斯韦方程组"的偏微分方程。在发生地震时，基本方程式是刚才介绍的被分为双曲形偏微分方程式的"波动方程"，它用来表示地震波的变化。在健康检查中，有时会有微弱的电流在身体中流动以测定某些指标，这便是一种被称为"电阻法"的技术。根据电传导率的差异，利用体内产生电位差来检测或分析组织状态。

在使用社交软件时，使用类似"逻辑方程式"的常微分方程式，一般也可以预测含有特定词语的信息数量的变化。逻辑方程也是预测人口变动时经典的常微分方程。另外，数理金融已成为证券市场上不可或缺的学科。其中，在被称为"衍生品"的金融商品定价中出现的"布莱克–肖尔斯方程"也是抛物形偏微分方程的一种。同时，作为广义相对论中的基础方程式，容许重力波存在的"爱因斯坦方程式"也是微分方程式（图2）。生活中的案例数不胜数，本书仅列举一二。

对我们大部分人而言，在日常生活中，大概率是没有必要掌握这些微分方程的。但当面临非常情况时，如发生重大事故，抑或必须接触技术的本质等情况时，我们就需要掌握作为记述现象的基本语言——微分方程。

至今仍在不断扩展的微分方程

我们再来介绍一个目前受到社会关注的正在研究的课题。该研究主要用于预测放射性物质的释放，以及工厂粉尘在环境中的扩散方式。研究中实际运用了不同微分方程。

参见图3，这些物质通过风在空气中扩散。该现象可以用气体相关的双曲形偏微分方程来描述。

而如同墨水在水中扩散一般，

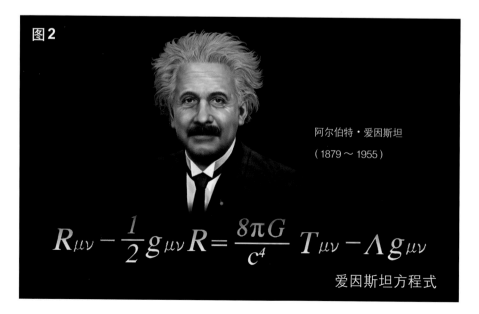

图2

阿尔伯特·爱因斯坦
（1879～1955）

$$R_{\mu\nu} - \frac{1}{2}g_{\mu\nu}R = \frac{8\pi G}{c^4}T_{\mu\nu} - \Lambda g_{\mu\nu}$$

爱因斯坦方程式

图3　粉尘和放射性物质的扩散图示
（协作制图：羽田野祐子 筑波大学教授）

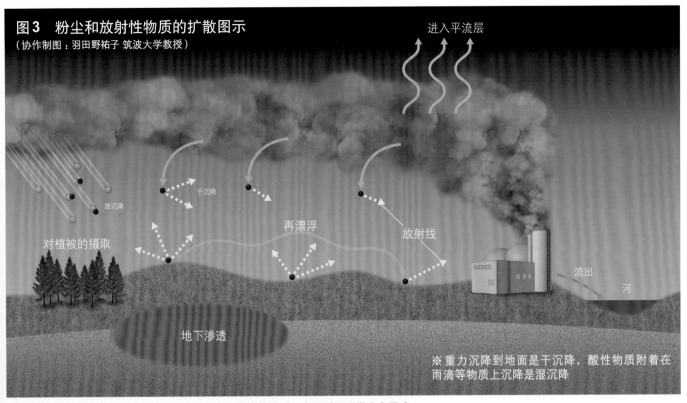

在预测放射性物质的排放和工厂的粉尘如何在环境中扩散时，会用到不同微分方程式。

即使没有风，物质也会在大气中自然扩散。描述该现象的是和热传导方程相似的扩散方程，属于抛物形偏微分方程。

同时，这些物质在雨水和重力的影响下会沉积在地面上，如果是放射性物质则会随时间而衰变。如上现象主要用常微分方程来描述。

另外，一部分物质从河流流向大海，这一流体现象用双曲形偏微分方程来描述。在该现象中，也会使用流体基础方程，常被称为"纳维－斯托克斯方程"。顺便一提，纳维－斯托克斯方程在2000年被美国克雷数学研究所列为七个"千禧年悬赏问题"之一，这一超级难题的解决者可以获得100万美元的奖励。

为了预测物质渗透到地下的情况，我们再次使用在土壤中的扩散方程。

如此，为了正确理解、合理预测一系列物质的扩散现象，多种类型的微分方程是不可缺少的。定量地阐明物理现象非常重要，为此，我们不可避免地会用到微分方程来求解。

综上所述，从自然科学到社会科学，求解各种现象的关键在于微分方程，微分方程与我们的生活密切相关。

微分方程的研究已有一段历史，但至今仍没有衰退的迹象。几乎每天都有新的现象涌现，每当人们开始研究和考察时，就会出现不同数学问题。于是，微分方程的研究也随之迅猛发展，不断扩大。

为了让微分方程成为"永不结束的故事"，不用多说，其基本且最强的"武器"自然就是微积分。笔者期待有更多人可以加入这项数学挑战。　🍎

微积分的作用
制造新的乐器和演奏方法

执笔 **鲛岛俊哉**
日本九州大学研究院艺术工学研究院准教授

空气的振动变为声音传播这一振动现象，是我们日常生活中常见的物理现象之一。相比大家对于作为利用声音和振动现象的工具——乐器也极为熟悉。

分析声音和振动现象，对于更好地了解乐器，甚至设计乐器非常有益。并且，在分析过程中用到的数学"工具"其实就是微积分。

振动的基础是"弹簧振子"

图1是简单地表示振动物体的"弹簧振子"。表示弹簧振子振动的方程被称为"振动方程"。该方程运用微分来计算振子如何随时间移动。通过解析振动方程，我们就可以预测振子位置如何随时间变化，以及振动频率等。

人们一直以来使用的乐器，包含有弦和膜。其中，弦可以近似地看作由弹簧振子横向连接而成（图2）。而膜可以认为是具有横纵两个方向的二维扩展弹簧。由于横向振子除横向外，在纵向上也被连接着，所以我们可以近似地表示出膜的振动。

实际中，弦和膜相当于弹簧振子的振子和弹簧的部分，并不具象地存在。我们可以无限缩小振子和弹簧的大小，同时无限扩大它们的个数从而近似求解。如果分析这样的振动系统，我们便可以预测弦和膜的振动频率及振动方式。

乐器辐射的声波

如果把在空气中传播的声波

图1
K：弹簧常数
M：振子质量
$\longrightarrow u$ $u(t)$：振子位移

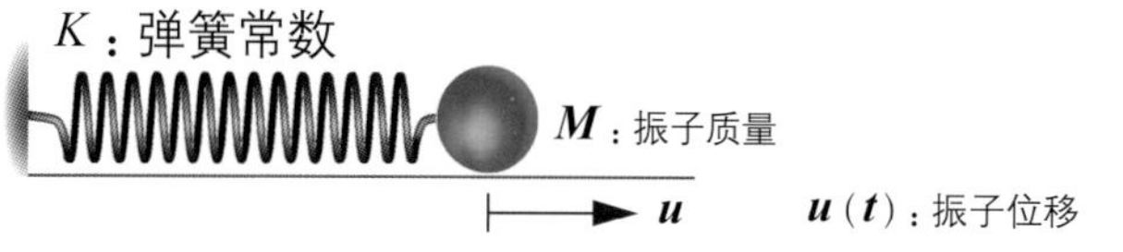

$$M\frac{\mathrm{d}^2}{\mathrm{d}t^2}u(t) + Ku(t) = 0$$

图2

ρ：弦的线密度（质量成分）
T：弦的张力（弹簧成分）
$u(t)$：弦的位移
$C=\sqrt{\dfrac{T}{\rho}}$ 波在弦上的传播速度

加振力

$x=0$ $x=L$

弦可以通过弹簧振子模型化

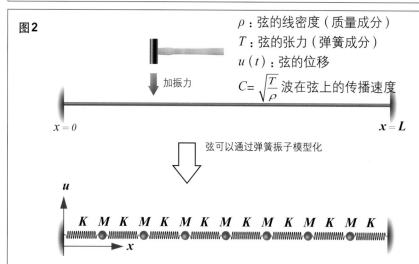

u

K M K M K M K M K M K M K M K

x

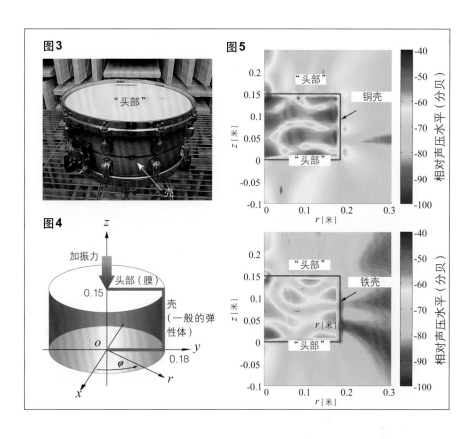

图3

"头部"

壳

图4

加振力

头部（膜）

壳
（一般的弹性体）

z

o

y

φ

r

x

0.15

0.18

图5

"头部"

铜壳

"头部"

z[米]

相对声压水平（分贝）

r[米]

"头部"

铁壳

"头部"

z[米]

r[米]

相对声压水平（分贝）

看作是空气的弹性体（即使受到外力而变形，只要除去该力后就能恢复到原来的状态），我们就可以把空气当作一般弹性体的振动来处理，也就是把空气看作是由多个弹簧振子连接而成，通过分析就可以预测出产生何种声学现象。

如图3所示的鼓。我们用棒子敲打鼓的"头部"使其振动，于是鼓就向周围辐射声波。而且，此时"壳"也会轻微震动。因此，除"头部"的材质外，壳的材质不同，鼓的音色也会发生些许变化。

如图所示，"头部"作为膜，壳作为一般的弹力体进行振动（图4）。用棒子敲打"头部"中心时向周围辐射的声波，通过计算机运算得出的结果如图5所示。

图5展示了外壳材质为铜和铁时，3465赫兹频率成分的声压分布。铜的外壳横向声压水平较高，从鼓侧面发出的辐射声比铁的声音大。如果壳的材质不同，音色就会发生变化，辐射音的指向特性（向哪个方向辐射多少强度的声音）也会发生变化。

微积分对乐器设计很有帮助

我们以鼓为例，对吉他等弦乐器也可以进行同样的分析，即可预测其声学特征。而且，如果使施加振动的条件等发生变化，就能预测出由乐器的演奏方法导致的音色差异。也就是说，通过分析音响和振动，我们可以设计出更优秀的乐器材质和形状，并创造出新的演奏方法。

乍一看像乐器一样复杂的音响和振动系统，实际上是和弹簧振子一样，进行单纯的振动系统的扩展。并且，在如上分析中使用了微积分，这对有关乐器的研究和设计很有帮助。🍎

Column

14

微积分的作用
微积分能让飞机飞起来

执笔 ┊ **浅井圭介**
日本东北大学工学研究科航空宇宙工学专业教授

每当被问到微积分的作用时，我都会立即答道，微积分在飞机设计方面大有用处。作为世界上最大的客机——空中客车公司 A380 号的起飞重量约 560 吨，机翼面积 845 平方米。换句话说，每平方米的机翼面积支撑着 660 千克的重量。

飞机简直就像魔法地毯一样，这一巨大的力量究竟来自哪里呢？其实，它们都是由看不见的"空气"流动而产生的。

通过微分理解空气的流动

正如大家所知，空气是由氮气和氧气等分子组成的。每立方厘米体积的空气中就含有 2.7×10^{19} 个（0℃ 的大气压）数量惊人的气体分子（下图 A）。

但如果逐一追踪每个分子的运动，无论如何也难以把握空气的整体流动。因此，我们不把空气作为粒子的集合，而使用不间断、彼此连接的物体——"流体"这一模型来考虑（下图 B）。

流体的控制方程（不可压缩流体的情况）

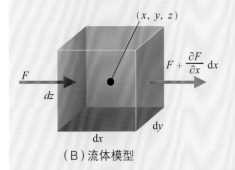

2.7×10^{19} （0℃，1个标准大气压）

（A）分子模型

(x, y, z)

F

$F + \frac{\partial F}{\partial x} dx$

dz

dx

dy

（B）流体模型

质量守恒定理（连续公式）

$$\frac{\partial u}{\partial x} + \frac{\partial v}{\partial y} + \frac{\partial w}{\partial z} = 0$$

x、y、z 是切出区域的纵、横、高的坐标。u、v、w 是 x、y、z 方向上的速度成分。

$\frac{\partial}{\partial x}$，$\frac{\partial}{\partial y}$，$\frac{\partial}{\partial z} = 0$，$x$ 表示只对 x、y、z 微分的"偏微分"。

t 是时间。

p 是流体的压力。

ρ 是流体的密度。

v 是流体的运动黏性系数。

F 是流体的物理量（密度、速度等）。

动量守恒定理（纳维-斯托克斯方程）

$$\frac{\partial u}{\partial t} + u\frac{\partial u}{\partial x} + v\frac{\partial u}{\partial y} + w\frac{\partial u}{\partial z} = -\frac{1}{\rho}\frac{\partial p}{\partial x} + v\left(\frac{\partial^2 u}{\partial x^2} + \frac{\partial^2 u}{\partial y^2} + \frac{\partial^2 u}{\partial z^2}\right)$$

$$\frac{\partial v}{\partial t} + u\frac{\partial v}{\partial x} + v\frac{\partial v}{\partial y} + w\frac{\partial v}{\partial z} = -\frac{1}{\rho}\frac{\partial p}{\partial y} + v\left(\frac{\partial^2 v}{\partial x^2} + \frac{\partial^2 v}{\partial y^2} + \frac{\partial^2 v}{\partial z^2}\right)$$

$$\frac{\partial w}{\partial t} + u\frac{\partial w}{\partial x} + v\frac{\partial w}{\partial y} + w\frac{\partial w}{\partial z} = -\frac{1}{\rho}\frac{\partial p}{\partial z} + v\left(\frac{\partial^2 w}{\partial x^2} + \frac{\partial^2 w}{\partial y^2} + \frac{\partial^2 w}{\partial z^2}\right)$$

对超音速客机（**SST**）周围气流的计算

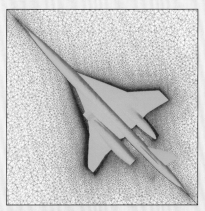

被切分为数百万的范围

压力按颜色从高到低
排序为红＞黄＞绿＞蓝

压力分布的计算结果

（图画提供来源：日本东北大学航空宇宙工学专业）

微积分对流体运动的研究发挥重要的作用。让我们分割出流体中极小的区域，并尝试应用牛顿定律。区域内流体密度的变化，由从边界进入区域内部的质量和出去的质量之差决定。同样，流体受到的力由通过边界出入的动量（质量和速度的乘积）之差决定。

其中重要的不是密度和压力等直观易懂的物理量，而是变化率。换句话说，这里是"微分的舞台"。

用超级计算机计算空气的力

左页下图是介绍略显复杂的控制流体运动的方程。该公式是19世纪法国数学家纳维和英国科学家斯托克斯提出的。含有微分符号的方程式一般被称为"微分方程式"。

让人惊讶的是，纳维和斯托克斯推导的方程式之解，除了极少部分简单的例子，至今仍未找到答案。古老的方程至今仍无

解这种事的确让人惊讶，时至今日，数学家还在向这个问题发起挑战。

那么，在实际的飞机设计中，我们是如何计算空气升力的呢？计算机使之成为可能。

具体来说，就是把流体流动的空间划分为几百万、几千万的小区域，把各个区域的压力和速度设为未知数，建立联合方程式。虽然方程式数量惊人，但如果使用"地球模拟器"和超级计算机，短则几分钟，长则一小时内就可以完成。

只要知道微小的变化量，对其进行积分就能计算出压力和速度。进一步积分，就能计算出空气产生的力（参考本页上方的图）。

多亏了微积分，飞机飞起来了！？

如此，使用计算机便可计算出大气中飞行的各种飞机周围的空气流动情况。此外，直升机、鸟、昆虫等制造的气流也能用同样的方法计算。

此外，科研人员还在研究超音速飞机，以及能在几乎没有大气的火星上飞行的"Mars Airplane（火星飞机）"。所有这些飞机的设计都离不开微积分。

从这个角度来看，"支撑"飞机在空中飞行的不是空气，而是微积分。

微积分的作用
抗震建筑的设计

执笔 **竹内彻**
东京工业大学环境·社会理工学院建筑学系教授

世界上有一些多发地震的国家，如日本。在分析建筑构造、避震时，以及计算抗震效果时，微积分被广泛使用。下面我们来具体介绍下如何利用微积分。

建筑物有多弯？

图1所示的建筑结构在地震时变形的样子如**图2**所示。结果由计算机计算得出，原理如**图3**所示，其中我们用一侧长度固定为"*l*"的梁（悬臂梁）来说明。使用微分便可导出计算梁的挠度公式。公式（下文深蓝色字体）的难易程度大概是大学一年级的数学水平。

建筑的梁和柱发生弯曲时，其曲率（图3中的曲率半径 p 的倒数）和试图弯曲梁的力 M 之间的关系可近似用下式表示。

$$\frac{M}{EI} = \frac{1}{\rho} \fallingdotseq \frac{d^2 y}{dx^2} \quad \cdots\cdots (1)$$

其中，"EI"表示梁的不易弯曲程度（弯曲刚度）。

在图3中，沿着梁并使其弯曲的力"M"，是前端的力"P"和距离前端的距离"$l-x$"的乘积，

$$M = (l-x)P \quad \cdots\cdots (2)$$

图1
东京工业大学环境能源创新楼（建筑设计师：**塚本由晴、竹内彻、伊原学**，
设计：东京工业大学设施运营部＋日本设计 拍摄：大桥富夫）

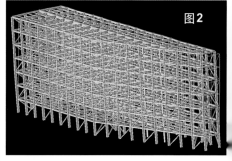

图2

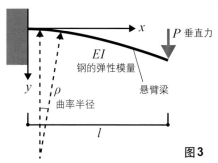

图3

对公式（1）、（2）进行积分可以计算出下式。

$$\frac{d^2y}{dx^2} = \frac{M}{EI} = (l-x)\frac{p}{EI} \quad \cdots\cdots (3)$$

$$\frac{dy}{dx} = \int_0^l (l-x)\frac{p}{EI}dx$$
$$= \frac{p}{EI}\left(lx - \frac{x^2}{2} + C_1\right) \cdots\cdots (4)$$

"$\frac{dy}{dx}$" 是梁的倾斜度。当 $x=0$ 时，$\frac{dy}{dx}=0$，所以积分常数 $C_1=0$。由此可得出梁的挠度 "y" 如下。

$$y = \int_0^l \frac{p}{EI}\left(lx - \frac{x^2}{2}\right)dx$$
$$= \frac{p}{EI}\left(l\frac{x^2}{2} - \frac{x^3}{6} + C_2\right) \cdots\cdots (5)$$

因此，弯曲的梁的形状是三次函数。$x=0$ 时，$y=0$，所以积分常数 $C_2=0$。

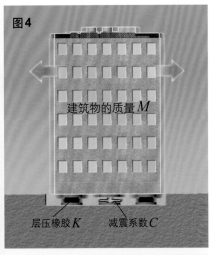

图4

建筑物的质量 M

层压橡胶 K　减震系数 C

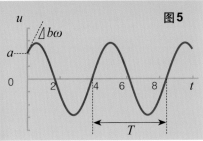

图5

由此，我们掌握了计算挠度的公式（5）。接下来，让我们试着求解体重 50 千克 [≈500N, N（牛顿）是力的单位] 的人吊在长 1000 毫米，宽 b = 30 毫米，高 d = 30 毫米的铁棒上时的挠度。

铁的抗弯刚度系数是
$E = 2.05 \times 10^5 \text{N/mm}^2$，
$$I = \frac{bd^3}{12} = \frac{30 \times 30^3}{12} = 67500 \text{mm}^4$$

把 $x = l$ 代入公式（5）后计算可得，前端的挠度 y 为 "12毫米"。

用计算机对整个建筑物进行如上计算，就可以知道建筑物在地震中会发生多大程度的变形。

利用免震结构延长摇晃的周期

人们常在建筑物地基处加入层压橡胶，通过 "避震构造" 实现减震。避震装置如图4所示，由层压橡胶和减震器（衰减装置）构成。使用微分便可推导出求建筑物振动周期的公式。

设建筑物的质量为 "M（kg）"，层压橡胶的水平弹簧刚性为 "K（N/m）"，减震器的衰减系数为 "C（Nsec/M）"，则避震结构的振动方程用微分表示如下。

$$M\frac{d^2u}{dt^2} + C\frac{du}{dt} + Ku$$
$$= -M\frac{d^2u_0}{dt^2} \quad \cdots\cdots (6)$$

其中，u 为建筑物相对于地面的水平变形，u_0 为地面的变形，

t 为时间，$\frac{d^2u}{dt^2}$ 是建筑的加速度。$\frac{du}{dt}$ 是建筑的速度，$\frac{d^2u_0}{dt^2}$ 是地面的加速度。接下来，我们设定没有减震器，地动停止的状态，于是公式（6）变为公式（7）。

$$M\frac{d^2u}{dt^2} + Ku = 0 \quad \cdots\cdots (7)$$

设 $\omega^2 = \frac{K}{M}$，则公式（7）表示为下式

$$\frac{d^2u}{dt^2} + \omega^2 u = 0 \quad \cdots\cdots (8)$$

一般的解可用如下公式（9）表示，相当于图5的重复性振动运动。

$$u = a\cos\omega t + b\sin\omega t \quad \cdots\cdots (9)$$

重复的周期称为 "固有周期"，可以用下式计算。

$$T(\text{秒}) = \frac{2\pi}{\omega} = 2\pi\sqrt{\frac{M(\text{kg})}{K(\text{N/m})}}$$
$$\cdots\cdots (10)$$

如此，固有周期通过公式（10）求解。例如，当建筑物的重量为 10000 吨 $=1 \times 10^7$ 千克，层叠橡胶的水平弹簧性能为 2×10^7 牛/米时，固有周期约为 4.4 秒。

当建筑的固有周期为 1 秒以上时，一般来说固有周期越长，则地震时作用的重量与自重的比率越低。避震结构通过把固有周期延长 3~4 秒以上来减轻建筑的损害。

微积分的作用
从概率论到金融工学

执笔 **松原望**
东京大学名誉教授

微积分在日常生活中发挥着重要作用。其中，在概率论和统计学中扮演重要角色的"正态分布"就是其内容之一。大部分概率现象都遵循着正态分布规则。

正态分布是表示事件发生概率的函数，函数图示是山形（钟形）曲线（**图1**）。正态分布曲线的峰值位于正中央，即均值所在的位置，越接近平均值就表示该事件发生的概率越高。

表示标准的正态分布的函数被称为"标准正态分布的密度函数"，用小写的"ϕ"表示。这一正态分布的函数 ϕ 在 a 到 b 上的发生概率可以用 a 到 b 的"定积分"来计算。

也就是说，函数 ϕ 下方的面积表示一定范围内事件发生的概率。但是，我们无法找出函数 ϕ 的原始函数，也无法表示定积分的值。

为了求出定积分的值，人们

专门设定了标准正态函数分布表，广泛应用在不同领域的概率计算中。定积分的值的函数称为"标准正态分布的累计分布函数"，一般用大写字母"Φ"表示。$\Phi(a)$ 即表示函数从负无限小（$-\infty$）到 a 的标准正态分布的定积分（**图1**）。

正态分布理论的奠基人是法国数学家拉普拉斯（1749 ~ 1827）。处于同一时期的还有德国数学家弗里德里希·高斯（1777 ~ 1855），他从天文学的数据中推导出"误差定律"，并将其作为"误差积分"。

这实际就是刚才提及的 ϕ，正态分布也被称为"高斯分布"。

应用广泛的正态分布

假设在某个初中班级中，学生的平均身高为 155（厘米），正态分布的标准差为 6（厘米）。标准差是衡量数据偏差的指标，数值越大则偏差越大。

使用该函数 ϕ，就能求出班级内到底有多少同学身高超过

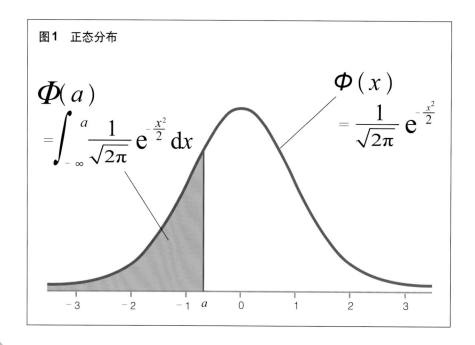

图1　正态分布

$$\Phi(a) = \int_{-\infty}^{a} \frac{1}{\sqrt{2\pi}} e^{-\frac{x^2}{2}} dx$$

$$\phi(x) = \frac{1}{\sqrt{2\pi}} e^{-\frac{x^2}{2}}$$

图2 布朗运动的例子

某数值概率性上下波动的图示（如股价变动等）

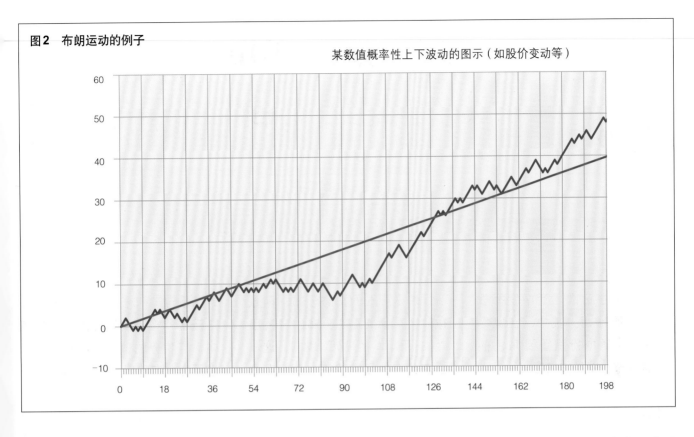

168 厘米，并确定其概率。

如果设身高为"X"，则 $\dfrac{X-155}{6}$ 符合标准正态分布，因此将其改设为 Y。那么 $X>168$，即 $Y>\dfrac{13}{6}$。$\dfrac{13}{6}$ 时函数 Φ 的值是 0.985。这个值表示身高 X 在 168 以下的概率。即得出的概率是 $1-0.985=0.015$（1.5%）。

比利时天文学家、统计学家凯特莱（1796～1874）把正态分布应用于人类体形的研究中。英国统计学家、遗传学家高尔顿（1822～1911）以此为灵感，后把正态分布推广应用于整个生物学领域。

高尔顿以后，统计学的应用范围从医学、农学、工学、心理学等扩展到经济、管理学等领域，使正态分布发挥着越来越重要的作用。

重要性进一步增强的"中心极限定理"

当然，也有很多现象并不遵循正态分布规律。比如，骰子的点数从 1 到 6，每一面朝上的概率均为 1/6。概率函数图是一条平坦的直线，与山形的正态分布完全不同。但令人不可思议的是，如果同时抛出多个骰子，每一点正面朝上的合计概率图反而又会接近正态分布图形。

经过足够的同类实验和反复观察，变量的独立同分布随机变量之和的标计方式无线趋近于正态分布。拉普拉斯早在很久之前就已掌握这一点，并在实际中将其作为非常方便的计算方法来使用。除了概率论、统计学，该理论在整个数学领域都发挥着重要的作用。

法国数学家德莫哇佛尔（1667～1754）最先注意到正态分布对概率计算所发挥的广泛作用。据说，他是从数学及物理学家雅各布·伯努利（1654～1705）的《推测术》中受到的启发。

从 17 世纪到 18 世纪，牛顿、莱布尼茨、惠更斯（1629～1695）、伯努利家族、欧拉（1707～1783）等天才学者辈出，奠定了微积分学的原理和基础，并发展出概率论及正态分布的理论。

即使在今天，正态分布理论依然发挥着重要作用。例如，每天股票价格的变化可以表示为随机变量之和，它累计着每时每刻微小且相似的浮动变化（图2）。很多这样的随机变量之和在概率论中被称为"随机游走"，或者更准确地称为"随机运动"。

布朗运动根据中心极限定理，随着正态分布概率性地变动。"金融工学"的理论以布朗运动理论为基础，其中风险商品的风险评级均以正态分布为基础而计算。

如上例子，正态分布在现代社会中越来越重要。

决定金融工学中"衍生品"的价格

金融工学中的衍生品被称为"金融衍生商品"，是在数据的基础上，对股票、债券、外汇等为基础的新商品（投资对象），进行正确评价和管理未来风险套头交易的一种金融工具。

衍生品是金融工学（最近归属于"金融科技"领域）的核心应用领域。学术理论包括以"布朗运动"为首的随机过程理论，如日本数学家伊藤清先生的"概率积分"和"伊藤定理"，以及金融分析的基础等。当然，统计学的基础也包含其中。

接下来，本文将介绍衍生品中非常有名的内容——"期权"（正式名称为看涨期权），文中省略了详细介绍，只就其精华部分进行讲解。

某股票现在的股价（S）为1000日元，预计未来有上涨趋势。但现在没有资金，可一年后购买。于是，我们购买"1年后

布莱克-肖尔斯公式

$$c = S\Phi(d_1) - e^{-\mu T} \cdot K\Phi(d_2)$$

$$d_1 = \frac{\log(S/K) + (\mu + \sigma^2/2)T}{\sigma\sqrt{T}}$$

$$d_2 = \frac{\log(S/K) + (\mu - \sigma^2/2)T}{\sigma\sqrt{T}} = d_1 - \sigma\sqrt{T}$$

（到期，T）以1100日元购买的"权利。这被称为行权价格（K）。以上，就是所谓的"看涨期权"商品。

实际上，若一年后股价超过1100日元，通过买入差额就会获利；但若没有达到1100日元，可以选择不买入，因为我们的购买是权利而不是义务。也就是说，在这种情况下，未来风险消失了。不用多说，这是非常划算的事情，但这一"权利"并不免费，需要支付某种价格。

问题：这个价格定为多少合适呢？请计算一下。

因为价格关系到未来，所以看上去实在无法计算。但如果使用概率论的成果——"布莱克-肖尔斯公式"，就能立即得出答案。其中，正态分布是关键需要两个参数。

① 虽然是一年后的事情，但我们通过存款利率可以理解金钱的时间价值标准与时间有关。本金越大就越是重要的因素。因为是标准，所以不能因风险而变动，

以定期存款利率或国债收益率等信用度高且稳定的利率为基准。这里用 μ 表示为0.05（5%，这里仅是举例，并不是实际的例子）。

② 股价以布朗运动为基础表示，但存在随机变动、无法完全预测的风险。风险以"随机程度"表现，这对价格也会产生影响（专业术语叫"波动"，用 σ 表示），这里 $\sigma = 0.1$。

那么，代入 S、K、T、μ、σ 的值后，期权的价格为 $c=21.74$（日元）。其中，概率论，特别是正态分布非常有助于帮我们解答。当然，请注意我们在这里对正态分布的假设是成立的。

"最美"的偏微分方程
——玻尔兹曼方程

人们从近3世纪前开始使用"偏微分方程"，时至今日，其研究依然在不断推进，是现代最尖端的数学研究领域之一。2010年，法国数理物理学家塞德里克·维拉尼博士（1973~），因对偏微分方程之一的"玻耳兹曼方程"的研究，获得了被称为数学诺贝尔奖的"菲尔兹奖"。本文将对该方程进行介绍。

玻尔兹曼方程是什么？

玻尔兹曼方程由奥地利物理学家路德维希·玻尔兹曼首次引入，是用来表示气体运动状态的方程式。

气体由无数个分子构成，它们以极其无序且无法预测的形式运动着。虽然粒子的个体流动无法预测，但我们可以正确预测运动气体集团的轨迹统计数据。这就相当于比起预测个体的运动倾向，预测群体的行动更为简单。

玻尔兹曼方程从粒子最初的位置分布和速度的设定开始，用以预测粒子在某个时间点的结果。玻尔兹曼方程用来把握速度慢的粒子有多少，速度快的粒子有多少等粒子的速度分布，据此来理解方程的解的性质。具体包括"气体会扩散吗""温度会上升吗""之后又会发生什么"等问题。

美丽的玻尔兹曼方程

维拉尼博士在他的著作《一个定理的诞生》中说道，玻尔兹曼方程是所有偏微分方程中最美的。

原因之一是因为该公式以稀薄的气体为例，能够用以证明"热力学第二定律"（熵增定律）。所谓熵增定律，简单来说，是一个从有秩序的状态自然地发展到杂乱状态的过程，正如滴在咖啡中的牛奶逐渐扩散一般。

维拉尼博士认为，如果能够证明熵的增大，不仅对物理学和数学有意义，对哲学领域也会产生巨大影响。据此，"时间的不可逆性"便表示为我们所在世界中宏观的存在。换句话说，世界在小尺度上是可逆的，或者至少比人类尺度的不可逆性要低。

维拉尼博士还认为，玻尔兹曼方程是"流体力学"和"统计力学"的最终汇合点，这也是其作为最美偏微分方程的理由之一。这两个领域是数理物理学最重要的领域。

玻尔兹曼方程被广泛应用于许多领域。由于流体力学的方程不适用于高空飞行的飞机，所以航空工程学成为玻尔兹曼方程的重要应用领域。此外，玻尔兹曼方程在天气预测等方面也发挥着重要作用。

路德维希·玻尔兹曼
（1844~1906）

玻尔兹曼方程式

$$\frac{\partial f}{\partial t} + \mathbf{v} \cdot \frac{\partial f}{\partial r} + \frac{\mathbf{F}}{m} \cdot \frac{\partial f}{\partial \mathbf{v}} = \iint (f'f_1' - ff_1)gd\Omega d\mathbf{v_1}$$

局部调整函数的变化，从而影响全局

执笔 | **山本昌宏**
东京大学数理科学研究科教授

从多个地方的高度推测整个山的形状——"数值微分"

求某个函数的导数，就相当于分析函数在该点附近如何变化。这是微分的基本。

本文将介绍"数值微分"的问题。

例如，设一定义在区间（0，1）=$\{x: 0<x<1\}$ 定义的函数 $f(x)$，对区间（0，1）进行 N 等分，分为点 x_1，x_2，$\cdots$，x_{N-1}。在此，假设我们知道函数的值 $f(x_j)$，$j=1,2,\cdots$，$N-1$。同时，点 x_1，x_2，$\cdots$，x_{N-1} 被称为采样点。此时计算采样点的平均斜率 $\dfrac{f(x_{j+1})-f(x_j)}{x_{j+1}-x_j}$。等分数 N 增加，平均斜率越接近 f 导函数的值。

数值微分应用于不同情况。例如，假设已知多个观测点测得的山脉高度，求山的坡度。即根据海拔推测高山的全貌，这是数值微分中比较简单的问题。

但实际上，我们不可能取得非常多的样本数量，而且样本点的函数值在大部分情况下都存在误差，并不完全精准。在此情况下，根据不精准的信息求解导函数是数值微分中十分重要的问题。

当存在一般误差时，即使增加等分的数量，平均斜率也不一定会接近原来的导数。这种现象被称为"数值微分的不稳定性"。因此，为了解决现实问题，需要有能够解决

图1 有尖峰的函数图

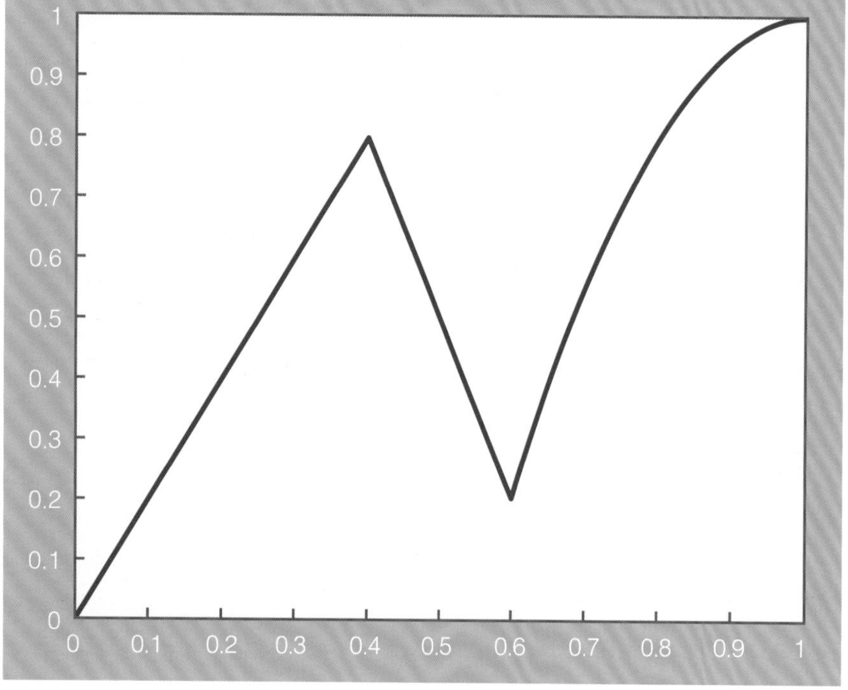

如图所示，当函数存在尖峰时，尖点处不存在二阶微分系数（这里为点 $x=0.4$ 和 $x=0.6$）。

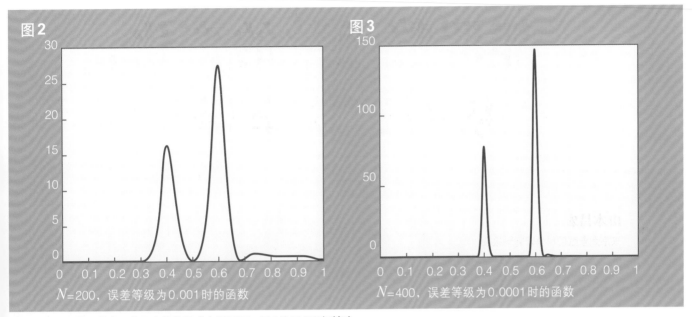

图2

$N=200$，误差等级为 0.001 时的函数

图3

$N=400$，误差等级为 0.0001 时的函数

通过改变样本数和精度，表示尖峰的标准有所不同，图3比图2更加精确。

这一不稳定性的数值方法。

大致来说就是，首先，把最接近采样点的值，也就是最接近函数的"最小化问题"，解答的这一问题基本思路是把作为最小化问题之解的函数导数，作为数值微分的结果来看待。

另外，在求解上述最小化问题时，在哪个范围内寻找最接近包含误差值的函数尤为重要。寻找的范围过窄，最小化问题虽然会变得简单，但答案是原数值微分问题正解的可能性也随之降低。而对函数在 $0< x <1$ 进行一次微分，选择在 $0 \leq x \leq 1$ 上连续函数中寻找最小化问题之解，范围又过大，所以同样难以找到合适的解。但范围过大，也许能更顺利、更稳定地得出答案。考虑到误差的大小，如何设定求解最小化问题解的范围是很重要的。该方法被称为"吉洪诺夫正则化"。本文暂不对其内容详细展开，在该情况下，二阶导数在某种意义上是把函数限定在不太大的范围内以求最小解。因此。吉洪诺夫正则化求出的函数必然是存在二阶导数的函数。

对图像数据边缘搜索的重要性

在实际问题中，为了掌握图表的特征，除求导数之外，找出图表中不能微分的点（称为"奇点"）也是非常重要的课题。

如图1，让我们一起思考函数图中有多少个尖峰。我们只用含有误差的采样点函数值来找出它的位置。我们在图1中找出 $x = 0.4$ 和 $x = 0.6$ 的点。

函数图表凸起的尖峰处不存在二阶微分系数。因此，我们可以预测在该点上，使用吉洪诺夫正则化法所得的函数二阶导数的行为，与能微分的其他点相比是不同的。

我们用如下标准思考在 (0, 1) 上各点 x 的该行为。首先，在以 x 为中心的范围较小的区间内，对吉洪诺夫正则化求出函数的二阶导函数的平方进行积分，并作为尺度进行思考。积分的值由每一个 x 决定，所以，以 x 为横轴做出的图表如图2和图3所示。我们将其视为原本函数行为的"标准"。

与平滑的点相比，该图表在峰值时的数值向来很大。虽然有严谨的公式化证明，但本文暂且省略不谈。换句话说，我们在数值微分中

正确应用吉洪诺夫正则化，筛选出尺度被特征性放大的点，这一点就是所求函数图表的尖峰。

在图2中，采样数 $N = 200$，

传动轴零件

传动轴

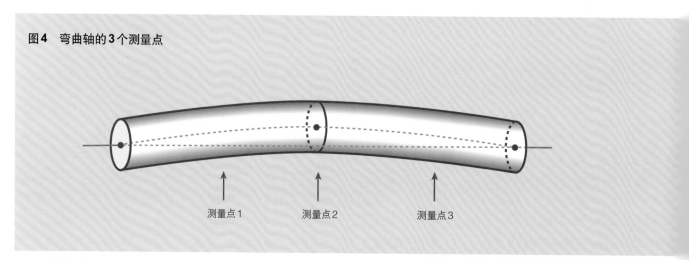

图4　弯曲轴的3个测量点

测量点1　　测量点2　　测量点3

　　汽车和机械零件使用着各种各样的轴，产品在制造过程中会发生扭曲，因此在交货前必须进行修正。因此，我们通过3个测量点来求弯轴的整体形状。

误差水平为 0.001，图 3 的采样数 $N = 400$，误差水平为 0.0001。在误差水平更小的图 3 中，表示尖峰的尺度变得更明确。但不论哪种情况，在采样点的函数值 $f(x_j)$ 中，只需通过代入 $j = 1, 2, \cdots, N-1$ 等加入误差的值，即可找到原函数图表的尖峰。

在照片等图像数据中，找出函数不可微分的点对于检测轮廓线和边缘尤为重要。如果是黑白照片，把"黑的程度"数值化，那在二维坐标平面上，就可以用分配在 (x, y) 上表示黑白等级的二次函数 $f(x, y)$ 来思考这一问题。

自动检测对象轮廓线在汽车自动驾驶和监控等领域非常重要，这就是"寻找 $f(x, y)$ 微分系数特征变大的点"的问题。

在前一节中，我们从一维的角度对问题进行了思考，当遇到图像数据时，我们可以首先在横向上找到尖峰，然后把检索的方向改为纵向，这样就能找到轮廓线。

从有限个数的点的值复原函数整体

接下来，让我们思考新的问题。

【问题】

设函数在区间 $(0,1) = \{x : 0 < x < 1\}$ 上，$x_1, x_2, \cdots, x_{N-1}$ 是区间 $(0,1)$ 上预设的采样点，已知 $f(x_j)$，$j = 1, 2, \cdots, N-1$，推导 $f(x)$。

聚焦于某一点，与近似求解

同一微分系数的数值微分相对应，当在某定义域内已知相关函数信息，推定同一定义域内的其他变量值的函数值，即为"函数的内插"。

这样的函数，不是近似值。我们可以把它简单地看作是通过点 $(x_j, f(x_j))$，$j = 1, 2, \cdots, N-1$ 的折线图（被称为"分段线性函数"）。但如此微分系数在采样点的左右便会发生差异。因此，为了使导数在采样点左右两边持续连续，我们对函数进行延长。这称为"采样插值"。于是，我们让采样区间求得的函数在全体区间范围内，一定程度地构成平滑连接的图表。

这样的函数内插问题，会在不同情况下出现。在此，本文仅介绍汽车弯曲轴的案例。

汽车和其他机械零件中含有各种各样的轴（如左页照片所示）。轴是棒状的，但大部分的轴会在制造过程中的热处理时弯曲了。因此，产品交付前必须进行矫正。常用的方法是对几个变形处进行测量，掌握了整体形状后，再进行矫正。

一般来说，我们只取几个测量点（图 4）。因此，如果把测量点设为采样点，那求解弯曲轴形状的函数，就是函数的内插问题。

笔者所在的研究小组提出了一种方法，即利用采样差值代替工厂现场一直采用的"折线近似"，复原轴的整体形状。由此，产品质量得到了大幅提高。如果把轴的整体

外观看作为近似折线的话，轴就会变成锯齿状，非常不自然。另外，如果很好地使用采样差值，再现的轴形状就会变得适度平滑，在外观上也变得非常自然。

微积分是支撑整个科学必不可少的手段和方法。微积分既"旧"又"常新"，而且没有它就不可能有现代积分学。微积分的应用对于从本质上解决制造业难题发挥着重要作用，我们在这里所介绍的函数差值问题只不过是无数案例中的一个。

翻译 / 朱荣

《地球与生命》

地球的变迁，生命跃进，46亿年全景图

- 回顾 **46 亿年**地球史
- 地球·**生命**史溯源
- 最初的**生命**与**进化**的奥秘

《大宇宙》

空间与时间，我们认识的宇宙，集于一册

宇宙究竟有多大？

穿越银河系
驶向 138 亿光年的彼岸

宇宙的创生、演化和未来

宇宙的诞生
天体的诞生
宇宙的未来
宇宙中的"神秘物质"

《相对论》

狭义相对论、广义相对论，以及由此产生的现代物理学

- 相对论**诞生前夕**
- **爱因斯坦**追求的是什么？
- **狭义**相对论到**广义**相对论
- 爱因斯坦与**现代物理学**

《图解中学物理》

深入了解物理世界的"规则"，掌握物理学习的"秘钥"！

- 物理的基本**力**和**运动**
- **热、原子、光**的真实"面貌"
- **光**和**声波**是什么？
- **电**和**磁**有着相似的本质

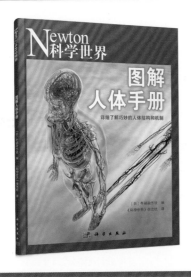

《图解人体手册》

详细了解巧妙的人体结构和机制！

- 生命健康所需要的**强健体格**是什么样的？
- 造成主要器官不同**疾病**的原因和症状有哪些？
- **胎儿**时期，**身体**是什么样的？
- **人类进化**过程中的有趣问题……

《图解中学对数与向量》

通过实例学习数学及科学研究所用的重要工具！

指数的威力

可以缩短数的书写，使计算变得容易

指数函数可表现剧烈的变化

对数的世界

对数与指数互为表里

通过对数曲线得知"隐藏的变化"

向量与"场"

"内积"与"外积"的含义及计算方法

科学中必须用到的向量

掌握巨大数字的方法

实际感受大数的窍门

用来估算大约数量的费米问题

原版图书编辑人员

主　　编　木村直之
设计总监　米仓英弘（细山田设计事务所）
编　　辑　疋田朗子
撰　　稿　山田久美

图片版权说明

3	Sittipong Phokawattana/Shutterstock.com
6～7	fewerton/Shutterstock.com
8～9	Sittipong Phokawattana/Shutterstock.com，Merlin74/Shutterstock.com
46	National Trust/ アフロ
47	Superstock/ アフロ
51	アフロ
53	Science Photo Library/ アフロ
97	RokerHRO
103	ESA / MPAeLindau
107	AKG / PPS 通信社
108	Granger / PPS 通信社
109	Granger / PPS 通信社
112	Granger / PPS 通信社
114	アフロ
117	Granger / PPS 通信社
120	Science Photo Library / アフロ
121	Bridgeman Images / PPS 通信社
159	日本九州大学大学院芸术工学研究院鲛岛研究室
161	日本东北大学航空宇宙工学专业
162	大桥富夫
170	アフロ

插图版权说明

封面设计	Newton Press
2	Newton Press
3	Newton Press，[开普勒，笛卡尔，费马，牛顿，莱布尼茨] 小崎哲太郎，[卡瓦列里，托里拆利] 黑田清桐
5	Newton Press
8～31	Newton Press
32～33	Newton Press，[牛顿，莱布尼茨] 小崎哲太郎
34～39	Newton Press
41	Newton Press，[开普勒，笛卡尔，费马，牛顿，莱布尼茨] 小崎哲太郎，[卡瓦列里，托里拆利] 黑田清桐
42～43	Newton Press
45	Newton Press，[开普勒，笛卡尔，费马，牛顿，莱布尼茨] 小崎哲太郎，[卡瓦列里，托里拆利] 黑田清桐
48	小林稔
49～50	Newton Press
55～57	Newton Press
58	小崎哲太郎
59	富崎 NORI
60～63	Newton Press
64～65	小崎哲太郎
66～87	Newton Press
88	小崎哲太郎
88～91	Newton Press
91	黑田清桐
92～95	Newton Press
97～101	Newton Press
102	黑田清桐
105	小崎哲太郎，Newton Press
110	小崎哲太郎，Newton Press
113	Newton Press
115	Newton Press
119	小崎哲太郎
123～158	Newton Press
159～160	Newton Press
163～170	Newton Press